周期表

族＼周期	10	11	12	13	14	15	16	17	18
1									ヘリウム 2He 4.003 Helium
2				5B 10.81 Boron	炭素 6C 12.01 Carbon	窒素 7N 14.01 Nitrogen	酸素 8O 16.00 Oxygen	フッ素 9F 19.00 Fluorine	ネオン 10Ne 20.18 Neon
3				アルミニウム 13Al 26.98 Aluminium	ケイ素 14Si 28.09 Silicon	リン 15P 30.97 Phosphorus	硫黄 16S 32.07 Sulfur	塩素 17Cl 35.45 Chlorine	アルゴン 18Ar 39.95 Argon
4	ッケル Ni .69 ckel	銅 29Cu 63.55 Copper	亜鉛 30Zn 65.38 Zinc	ガリウム 31Ga 69.72 Gallium	ゲルマニウム 32Ge 72.63 Germanium	ヒ素 33As 74.92 Arsenic	セレン 34Se 78.97 Selenium	臭素 35Br 79.90 Bromine	クリプトン 36Kr 83.80 Krypton
5	ジウム Pd 06.4 adium	銀 47Ag 107.9 Silver	カドミウム 48Cd 112.4 Cadmium	インジウム 49In 114.8 Indium	スズ 50Sn 118.7 Tin	アンチモン 51Sb 121.8 Antimony	テルル 52Te 127.6 Tellurium	ヨウ素 53I 126.9 Iodine	キセノン 54Xe 131.3 Xenon
6	金 Pt 95.1 inum	金 79Au 197.0 Gold	水銀 80Hg 200.6 Mercury	タリウム 81Tl 204.4 Thallium	鉛 82Pb 207.2 Lead	ビスマス 83Bi 209.0 Bismuth	ポロニウム 84Po (210) Polonium	アスタチン 85At (210) Astatine	ラドン 86Rn (222) Radon
7	スタチウム Ds 81) stadtium	レントゲニウム 111Rg (280) Roentgenium	コペルニシウム 112Cn (285) Copernicium	ニホニウム 113Nh (278) Nihonium	フレロビウム 114Fl (289) Flerovium	モスコビウム 115Mc (289) Moscovium	リバモリウム 116Lv (293) Livermorium	テネシン 117Ts (293) Tennessine	オガネソン 118Og (294) Oganesson
								ハロゲン元素	貴ガス元素

ロピウム Eu 52.0 opium	ガドリニウム 64Gd 157.3 Gadolinium	テルビウム 65Tb 158.9 Terbium	ジスプロシウム 66Dy 162.5 Dysprosium	ホルミウム 67Ho 164.9 Holmium	エルビウム 68Er 167.3 Erbium	ツリウム 69Tm 168.9 Thulium	イッテルビウム 70Yb 173.0 Ytterbium	ルテチウム 71Lu 175.0 Lutetium
リシウム Am 43) ericium	キュリウム 96Cm (247) Curium	バークリウム 97Bk (247) Berkelium	カリホルニウム 98Cf (252) Californium	アインスタイニウム 99Es (252) Einsteinium	フェルミウム 100Fm (257) Fermium	メンデレビウム 101Md (258) Mendelevium	ノーベリウム 102No (259) Nobelium	ローレンシウム 103Lr (262) Lawrencium

定同位体がなく，天然で特定の同位体組成を示さない元素は，その元素の放射性同位体の質量数の一例を（ ）の中に示してある。
，104Rf以降の元素（□）は超アクチノイド元素などとよばれ，詳しい性質はわかっていない。

ゼミノート化学基礎

教科書の整理から共通テストまで

本書のねらい

① 空欄に書き込みながら学習していくことで，化学基礎の知識を確実なものにする。
② 問題学習を通じて，問題解法のテクニックを習得できるようにする。
③ 各章末の「定期テスト対策問題」，各編末の「チャレンジ問題」，および巻末の「共通テスト対策問題」を演習することにより，大学入学共通テストに対する準備ができるようにする。

本書の構成

本　　文　教科書や授業内容を整理して理解できるように，教科書的に構成した。
重要語句や必須事項に空欄を設定しているので，書き込みながら学習できる。

基本的には，高等学校「化学基礎」の内容を網羅できるように構成しているが，化学基礎の内容と深く関連性があり，その理解を助けると思われる項目については，発展として「化学」の科目の内容も扱ってある。

問題学習　化学基礎の内容を理解するばかりでなく，問題を解く力も養うために，必要に応じて問題を入れた。

基礎ドリル…ドリル形式の問題。反復問題で，基礎的な内容を身につけることができる。

例題＋類題…その単元における典型的な問題を取り上げ，その解き方を説明した。
例題は解き方の一部が空欄になっており，解法の道筋を学習できる。また，類題として同じ解き方の問題を扱っており，解法の確認ができる。

定期テスト対策問題…その章の内容の理解度を確認するための問題。学習の総まとめとして，定期テスト対策となるようにした。

チャレンジ問題…共通テストに特徴的な図表やグラフの読み取り・整理が必要な問題を扱った。

共通テスト対策問題…共通テストと同じ形式で構成しているので，実践的な演習ができる。

まとめノート　各編で学習した重要事項をまとめた。文字をなぞったり，色を塗り分けたりと実際に手を動かしながら学べる構成にした。

本書の使い方

① まず「**学習の目標**」を読んで，その項目における学習内容と目標をしっかりと把握する。
② 「**本文**」の空欄を書き込んで，重要語句を確認しながら読み進めると同時に，「**基礎ドリル**」・「**例題＋類題**」も解いてみる。わからないところには赤線を引いておく。
③ 次に「**解答編**」とつきあわせ，間違えたところには赤線を引いて，その答えをしっかり頭に入れる。
④ 試験前などには赤線の引いてある部分を中心に復習すればよい。
⑤ 「**定期テスト対策問題**」は，各章の学習が終わったらアタックして，何度かくり返し解いて欲しい。
⑥ 「**まとめノート**」で各編の重要事項を整理した後，それをヒントに「**チャレンジ問題**」に取り組んで欲しい。
⑦ 「**共通テスト対策問題**」は，本書を一通り学習してから，自分の実力を確かめるのにアタックして欲しい。

目　次

第1編　物質の構成と化学結合

1章　物質の構成

2章　物質の構成粒子

3章　粒子の結合

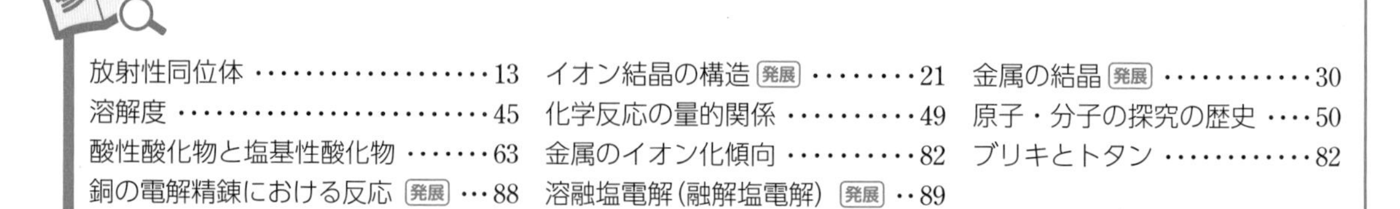

■第2編　物質の変化■

4章　物質量と化学反応式

5章　酸と塩基の反応

6章　酸化還元反応

※デジタルコンテンツのご利用ついて

下のアドレスまたは右の QR コードから，本書のデジタルコンテンツを利用することができます。
なお，インターネット接続に際し発生する通信料等は，使用される方の負担となりますのでご注意ください。

https://cds.chart.co.jp/books/3we1df6432

1 物質の構成

① 物質の分類とその分離法について学ぼう。
② 化学の基礎である「物質」の成りたちについて学ぼう。
③ 物質を構成する粒子の運動と物質の状態の関係を理解しよう。

1 純物質と混合物

A 純物質と混合物

a 物質の分類 ① 自然界に存在するものは2種類以上の物質が混じりあっているものが多く，これを[①]という。 例 炭酸水，空気

② 1種類の物質でできているものを[②]という。融点，沸点などが一定である。 例 水，水素，酸素，二酸化炭素

B 物質の分離・精製❶

a 分離と精製 混合物から目的の物質を分ける操作を[③]という。さらに，不純物を除いてより純度の高い物質を得る操作を[④]という。

▼表 分離・精製の方法

名称	方法
[⑤]	液体とそれに溶けない固体を，ろ紙を用いて分離する。
[⑥]	溶液を加熱して発生する蒸気を冷却し，液体を分離する❷。
[⑦]	沸点の差を利用し，液体の混合物を分離する❷。
[⑧]	温度による溶解度の差を利用し，純粋な結晶を得る。
[⑨]	固体が直接気体になる性質を利用し，分離する。
[⑩]	溶媒を用いて目的の物質を溶かし出し，分離する。
[⑪]	ろ紙やシリカゲルなどに物質が吸着される強さの差を利用し，分離する。

➡例題1(p.9)

❶複数の物質を放置すれば混合は自然に進むが，逆の分離は自然には起こらない(自然の不可逆性)。そこで分離には工夫が必要となる。それらが分離・精製法となっている。(ろ過，再結晶，抽出のようす→後見返し参照)

❷液体の混合物を適当な温度範囲に区切って蒸留し，沸点の差を利用して複数の留出物に分離する操作を特に分留(分別蒸留)という。

分離・精製のようすを確認してみよう！

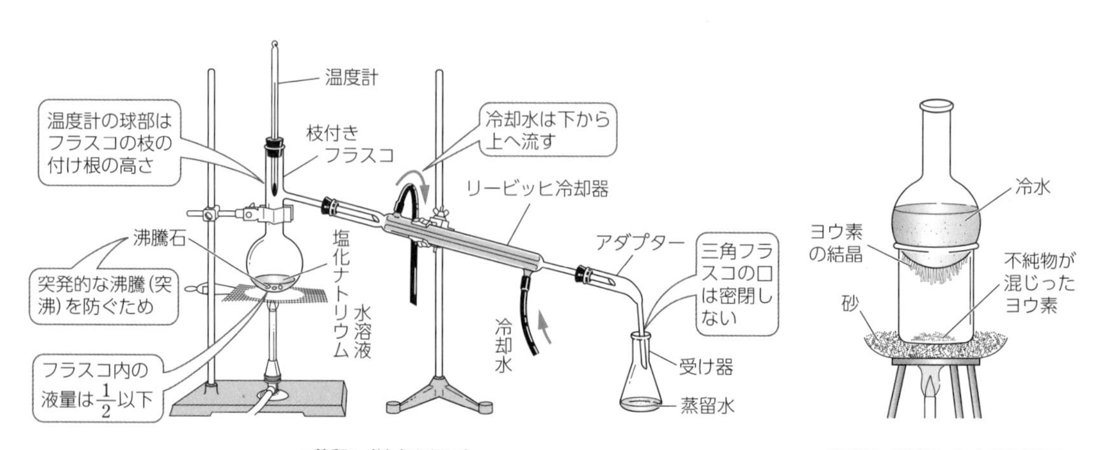

<蒸留>(純水を得る)　　<昇華>(純粋なヨウ素を得る)

2 物質とその成分

A 原子と元素

a 原子　すべての物質は，それ以上分割できない最小の粒子からできており，この粒子を[① 　　]という。

b 元素　① 物質を構成している原子の種類を[② 　　]という。

② 現在知られている元素はおよそ120種類で，そのうち自然界に約[③ 　　]種類が存在する。

c 元素記号　① 元素を記号で表したものを[④ 　　]という。

② 元素記号は，原子の種類だけでなく，1個の原子を表すこともある。

元素名	元素記号	元素名	元素記号	元素名	元素記号
水素	[⑤ 　]	塩素	[⑫ 　]	カリウム	[⑲ 　]
ヘリウム	[⑥ 　]	ヨウ素	[⑬ 　]	カルシウム	[⑳ 　]
炭素	[⑦ 　]	ネオン	[⑭ 　]	鉄	[㉑ 　]
窒素	[⑧ 　]	アルゴン	[⑮ 　]	銅	[㉒ 　]
酸素	[⑨ 　]	ナトリウム	[⑯ 　]	亜鉛	[㉓ 　]
リン	[⑩ 　]	マグネシウム	[⑰ 　]	銀	[㉔ 　]
硫黄	[⑪ 　]	アルミニウム	[⑱ 　]	水銀	[㉕ 　]

B 単体と化合物

➡例題 2(p.9)

a 純物質の分類　① 純物質は，それに含まれる元素の数により分類される。

② 1種類の元素だけからなる物質を[㉖ 　　]という❶。

例 酸素 O_2，水素 H_2，銅 Cu，鉄 Fe

③ 2種類以上の元素からなる物質を[㉗ 　　]という。

例 水 H_2O，アンモニア NH_3，二酸化炭素 CO_2

④ 単体と化合物は，化学式(→ p.22, 31)を見ると判別できる。

b 物質の分類のまとめ

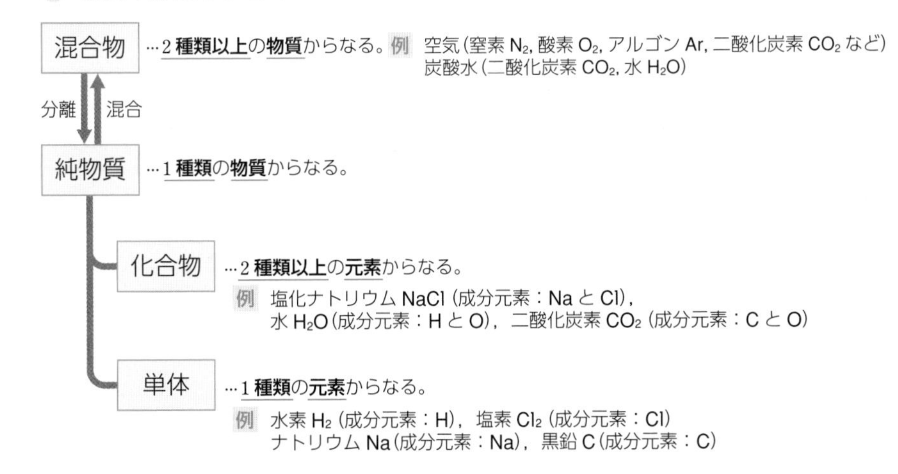

❶単体と元素は，同じ名称でよばれることが多い。
例えば「水素と酸素が反応して水ができる。」というとき，水素や酸素は**物質そのもの**を意味しているので「**単体**」である。
一方，「水は水素と酸素からなる。」というとき，水素や酸素は水の**成分**として用いられているので「**元素**」である。

C 同素体

a 同素体　同じ元素からなる単体で，性質が異なる物質を［①　　　　］という❶。

▼表　同素体の例

元素名	同素体の例
［②　　］	［③　　　　］，黒鉛，フラーレン，カーボンナノチューブ❷
［④　　］	［⑤　　　　］，黄リン
［⑥　　］	［⑦　　　　］，酸素
［⑧　　］	斜方硫黄，単斜硫黄，ゴム状硫黄

> **同素体の覚え方**　スコップ　S（硫黄）C（炭素）O（酸素）P（リン）

❶同じ元素でできていても，原子の配列や結合のしかたなどが変わると性質が異なってくる。これが同素体である。

❷フラーレンはC_{60}などの分子式をもつ球状の分子。
カーボンナノチューブは黒鉛の1つの層がチューブ状になった形をしている。いずれも1980年以降に発見され，その性質についても注目されている。

D 成分元素の検出

a 金属元素の検出　① リチウムやナトリウムなどは，炎の中でその元素特有の色を示す。これを［⑨　　　　］という。

元素	色	元素	色
リチウム	［⑩　　］色	ストロンチウム	［⑭　　］色
ナトリウム	［⑪　　］色	バリウム	［⑮　　］色
カリウム	［⑫　　］色	銅	［⑯　　］色
カルシウム	［⑬　　］色		

> **炎色反応の色とその覚え方**
> Li 赤，Na 黄，K 赤紫，Cu 青緑，Ca 橙赤，Sr 紅，Ba 黄緑
> リアカーなき　K村　動力　借るとうするもくれない馬力

検出のようすを確認してみよう！

② 白金線を水溶液Aに浸し，炎の中に入れると黄色になった。

→ 水溶液Aに含まれる元素は［⑰　　　　］である。

b 塩素Clの検出　① 銀のイオンと塩素のイオン(塩化物イオン)が反応すると，白色沈殿(塩化銀AgCl)が生じる。これを利用して，元素の確認ができる。

② 水溶液Bに硝酸銀水溶液を加えると，白色沈殿が生じた。

→ 硝酸銀水溶液には［⑱　　］イオンが含まれている。よって，水溶液Bに含まれる元素は［⑲　　］である。

c 炭素Cの検出　大理石に塩酸を注ぐと気体が発生し，この気体を石灰水に通じると白くにごった。この気体は二酸化炭素CO_2である。

→ 大理石に含まれる元素は，［⑳　　］である。

d 水素Hの検出　ある試料から生じた液体を白色の硫酸銅(Ⅱ) $CuSO_4$につけると，青色の硫酸銅(Ⅱ)五水和物$CuSO_4 \cdot 5H_2O$になった。

→ もとの試料に含まれる元素は［㉑　　］である。

3 物質の三態と熱運動

A 三態の変化と熱運動

a 拡散と粒子の熱運動 ① 液体や気体では，物質は自然に全体に広がっていく。この現象を［① 　　　　］という。

② 拡散は，物質中の粒子(原子，分子，イオン)が，常に［② 　　　　］運動をしているために起こる。

③ 粒子の熱運動は，高温になるほど［③ 　　　　］なり，ばらばらになろうとする。

b 物質の三態 ① すべての物質には［④ 　　　　］，［⑤ 　　　　］，［⑥ 　　　　］の3つの状態がある。

② 固体・液体・気体の間の変化(状態変化)は，物質は変わらずに状態だけが変化するもので，［⑦ 　　　　］変化である。

③ それに対して，燃焼や電気分解などで起こる変化のように，ある物質が別の物質に変化することを［⑧ 　　　　］変化という。

c 物質の状態と熱運動 ① 物質中の粒子間には，常に［⑨ 　　　　］がはたらく❶。

② 物質の状態は，粒子の熱運動と粒子間の引力との大小関係で決まる。

気体

粒子の熱運動 激しい→ 引力 小
… 粒子は動きまわる ＝ 気体の状態

液体

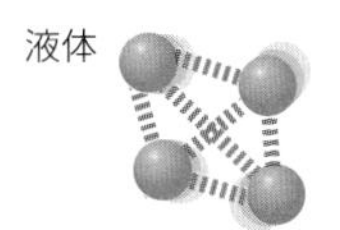

固体

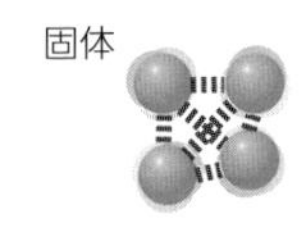

粒子の熱運動 穏やか→ 引力 大
… 粒子が少しだけ動ける ＝ 液体の状態
… 粒子がほとんど動けない ＝ 固体の状態

d 物質の状態変化❷ ① 固体が液体になる変化を［⑩ 　　　　］という。

② 液体が固体になる変化を［⑪ 　　　　］という。

③ 液体が気体になる変化を［⑫ 　　　　］という。

④ 気体が液体になる変化を［⑬ 　　　　］という。

⑤ 固体が気体になる変化を［⑭ 　　　　］という。

⑥ 気体が固体になる変化を［⑮ 　　　　］という。

固体	液体	気体
分子は分子間の引力によって固定されているが，熱運動により振動している。	分子は分子間の引力によって引きあいながら，熱運動により位置を変え，流動している。	分子は活発に熱運動していて，自由に飛びまわっている。 分子間の距離が大きいので，分子間の引力はほとんどはたらかない。

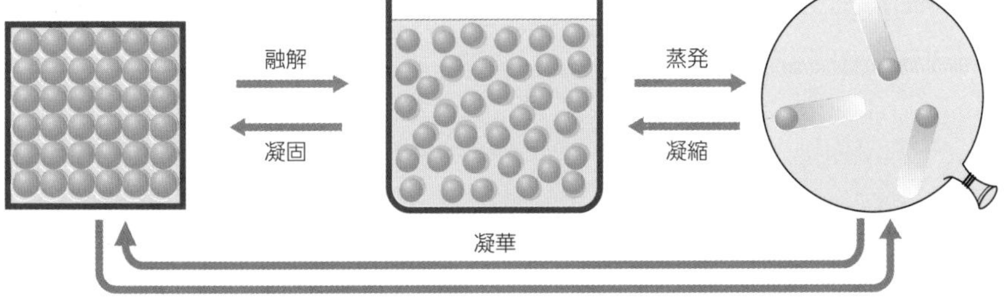

❶粒子間の引力には，化学結合や分子間力があり，温度にかかわらず一定の強さと考えられる。

❷モデルからわかるように，一般に固体から液体になると体積は少し大きくなる。そして，気体になると飛躍的に体積は増加する。なお，水は固体よりも液体のほうが体積が小さい。

B 状態変化

a 融点　固体を加熱していくと，ある温度でその一部が崩れて液体になる。

→ この変化を［①　　　］といい，このときの温度を［②　　　］という。

固体がすべて液体になるまで，温度は［③　　　］である。

b 沸点　① 液体表面付近の［④　　　］の激しい分子が，分子間の引力を断ち切って飛び出し，気体となる。

→ この変化を［⑤　　　］という。

② 気体を冷やしていくと，分子の［⑥　　　］が穏やかになり，分子間の引力により分子が集まり，液体になる。

→ この変化を［⑦　　　］という。

③ 液体を加熱していくと，ある温度で液体の［⑧　　　］からも気体が生じ，激しく気泡が発生する。

→ この現象を［⑨　　　］といい，このときの温度を［⑩　　　］という。

沸騰中は液体がすべて気体になるまで，温度は［⑪　　　］である。

c 凝固点　① 液体を冷やしていくと，ある温度で液体が固体になる。

→ この変化を［⑫　　　］といい，このときの温度を［⑬　　　］という。

液体がすべて固体になるまで，温度は［⑭　　　］である。

② 純物質では，融点と凝固点は［⑮　　　］温度である。

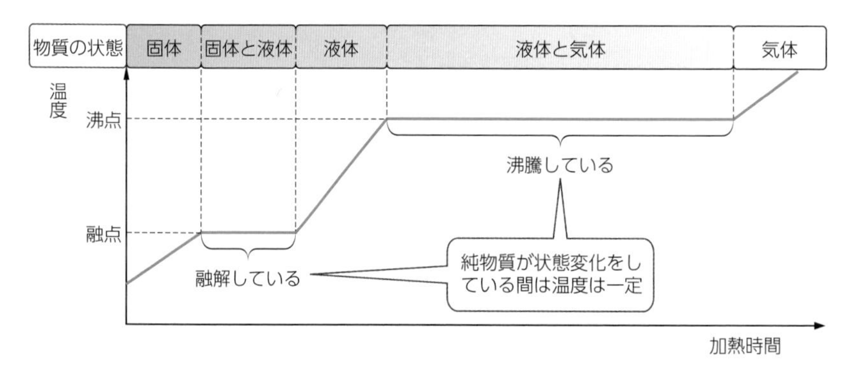

＜純物質の加熱による状態の変化＞

この章の基本事項を確認してみよう！

例題 1 純物質と混合物(➡ p.4)

次の(ア)~(カ)の物質は単体，混合物，化合物のいずれに分類されるか。

(ア) 水素　(イ) 二酸化炭素　(ウ) 黒鉛　(エ) 空気　(オ) 塩酸　(カ) アンモニア

解答 [①　　]は1種類の元素から，[②　　]は2種類以上の元素からなる[③　　]である。

(ア) 水素 H_2 は1種類の元素からなるので[④　　]である。 答

(イ) 二酸化炭素 CO_2 は炭素Cと酸素Oからなる[⑤　　]である。 答

(ウ) C(黒鉛)は炭素Cからなる[⑥　　]である。 答

(エ) 空気には窒素 N_2 や酸素 O_2，二酸化炭素 CO_2 などが含まれており，[⑦　　]である。 答

(オ) 塩酸は塩化水素の水溶液である。よって，塩化水素 HCl と水 H_2O を含む[⑧　　]である。 答

(カ) アンモニア NH_3 は窒素Nと水素Hからなる[⑨　　]である。 答

類題 1 次の(ア)~(ク)の物質のうち，混合物はいくつあるか。

(ア) 酸素　(イ) 塩化ナトリウム　(ウ) 食塩水　(エ) 赤リン　(オ) メタン

(カ) 塩素　(キ) 石油　(ク) 海水　＿＿＿＿

例題 2 元素と単体(➡ p.5)

次の下線部の語句は，元素と単体のどちらの意味で使われているか答えよ。

(1) 水を電気分解すると，<u>水素</u>と酸素が発生する。

(2) 水や二酸化炭素には，<u>酸素</u>が含まれている。

(3) <u>カルシウム</u>は水と反応して水素を発生する。

(4) 地殻には，<u>カルシウム</u>が存在する。

解答 物質そのものを表す場合は[⑩　　]，構成成分を表す場合は[⑪　　]になる。

(1) 水を電気分解することで得られる水素 H_2 は物質そのものである。よって，[⑫　　]になる。 答

(2) 水 H_2O や二酸化炭素 CO_2 に含まれる酸素Oは，その成分として含まれている。よって，[⑬　　]になる。 答

(3) 水と反応するカルシウム Ca は物質そのものである。よって，[⑭　　]になる。 答

(4) 地殻にはその構成成分としてカルシウム Ca が含まれている。よって，[⑮　　]になる。 答

類題 2 次の下線部の語句は，元素と単体のどちらの意味で使われているか答えよ。

(1) 空気中には<u>窒素</u>が約 80 %含まれる。　＿＿＿＿

(2) アンモニアには<u>窒素</u>が含まれる。　＿＿＿＿

(3) <u>酸素</u>とオゾンは互いに同素体である。　＿＿＿＿

(4) <u>塩素</u>を水に溶かした水溶液は，殺菌に用いられる。　＿＿＿＿

定期テスト対策問題

1 混合物の分離・精製

(1) 次の(ア)~(エ)の分離・精製に最も適当な方法を，下の①~⑥のうちから1つずつ選べ。

(ア) 砂を含んだ海水から砂を除く。
(イ) 海水から純水を得る。
(ウ) ガラスの破片が混じったヨウ素からヨウ素を分離する。
(エ) 石油(原油)からいくつかの成分を取り出す。

① 抽出　② 昇華　③ ろ過　④ 分留　⑤ 蒸留　⑥ 再結晶

(2) 水道水から蒸留水をつくるために，図のような装置を組み立てた。この装置について，(a)枝付きフラスコに入れる水の量と温度計の球部の位置，(b)リービッヒ冷却器に水を流す方向，(c)沸騰石を入れる理由として適当なものを，それぞれの①，②，…のうちから1つずつ選べ。

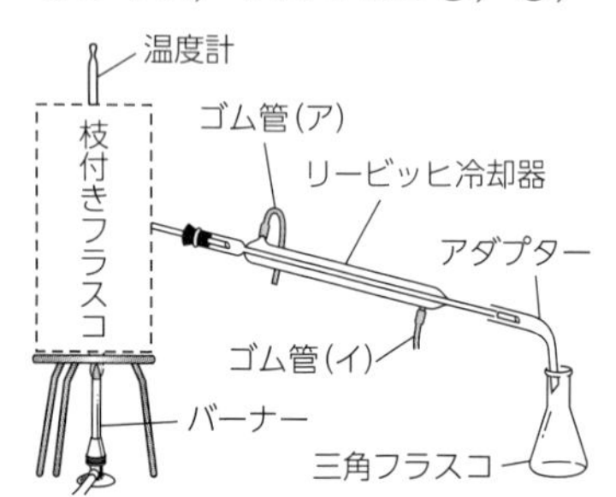

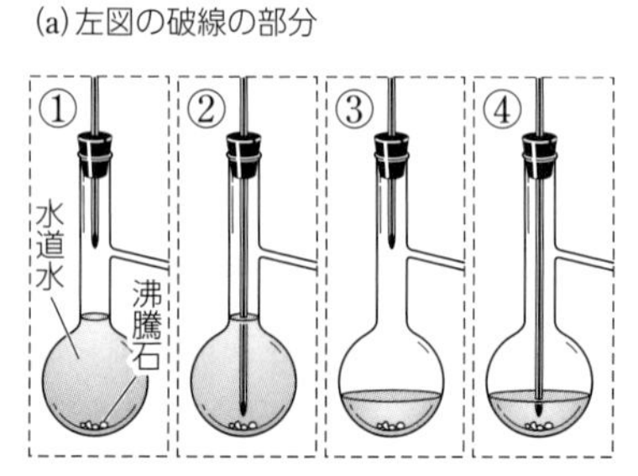

(b) ① ゴム管(ア)からゴム管(イ)の方向
② ゴム管(イ)からゴム管(ア)の方向
③ どちらの向きに流してもよい

(c) ① 低温で沸騰させるため　② 逆流を防ぐため
③ 突沸を防ぐため

2 身のまわりの状態変化

次の(1)~(4)で起こっている状態変化の名称を答えよ。

(1) 濡れた洗濯物を干しておくと，洗濯物が乾いた。
(2) 冷凍庫に水を入れておくと，水が凍った。
(3) 氷水を入れたコップを室内に置いておくと，コップの外側に水滴がついた。
(4) ドライアイスを室内に置いておくと，ドライアイスがなくなった。

1

(1) (ア)
(イ)
(ウ)
(エ)
(2) (a)
(b)
(c)

2

(1)
(2)
(3)
(4)

3 物質の状態　次の文中の(　)に適する語句を入れよ。

物質は(ア)，(イ)，(ウ)の3つのいずれかの状態で存在している。物質の状態が(ア)の場合は，分子は激しい(エ)を行っており，分子間の距離が大きいため分子間の引力はほとんど影響しない。多くの物質は十分に冷却すると(イ)になり，外から圧力を加えても簡単に形が変わったりこわれたりしない。一般に，この状態のときが最も(オ)が大きい。(ウ)は(ア)と(イ)の中間の状態にある。

3
(ア)
(イ)
(ウ)
(エ)
(オ)

4 同素体　次の文の(ア)および(カ)～(ク)には適切な語句を，(イ)～(オ)には適切な元素記号を入れよ。

同じ元素からなる(ア)で，互いに性質が異なる物質を同素体という。(イ)，(ウ)，(エ)，(オ)の4つの元素には同素体が存在する。(ウ)の同素体には(カ)，ダイヤモンド，フラーレン，カーボンナノチューブなどがある。また，(エ)の同素体には酸素と(キ)，(オ)の同素体には(ク)と黄リンがある。

5 成分元素の検出　次の文中の(　)に適する語句を入れよ。

ナトリウムや銅などは，炎の中で特有の色を示す。これを(ア)といい，リチウムは(イ)色，ナトリウムは(ウ)色，カリウムは(エ)色を示す。よって，食塩水を白金線につけて炎を中に入れると，炎の色は(オ)色になる。

また，食塩水に硝酸銀水溶液を加えると(カ)色の沈殿が生じた。この沈殿は食塩水中の(キ)イオンと硝酸銀水溶液中の(ク)イオンが反応してできた沈殿である。

大理石と塩酸を反応させることによって発生する気体を石灰水に通じると，石灰水が白くにごった。このことから発生した気体は(ケ)であり，大理石には元素として(コ)が含まれることがわかる。

5
(ア)
(イ)　(ウ)
(エ)　(オ)
(カ)　(キ)
(ク)
(ケ)
(コ)

6 状態変化　1気圧のもとで，氷を加熱した場合の加熱時間と温度の関係を右図に示した。以下の問いに答えよ。

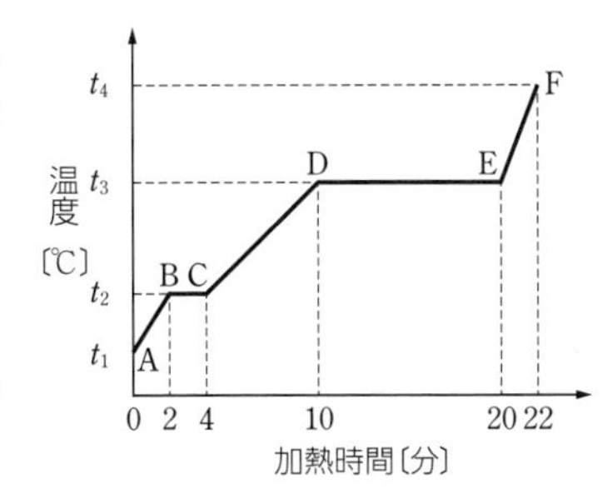

(1) グラフ中のt_2およびt_3の温度は何とよばれるか。

(2) 図のBC間およびEF間における水の状態を答えよ。

(3) 沸騰が起きているのはどの区間か。A～Fの記号を用いて答えよ。

(4) 氷が存在するのはどの区間か。A～Fの記号を用いて答えよ。

(5) 物質によっては固体から直接気体に状態変化をするものがある。このような状態変化を何というか。

6
(1) t_2
t_3
(2) BC間
EF間
(3)
(4)
(5)

2 物質の構成粒子

① 物質を構成する基本的な粒子である原子について，その構造を学ぼう。
② イオンの成りたちとその表し方について理解しよう。
③ 元素の周期律と周期表について学ぼう。

1 原子とその構造

A 原子の構造

a 原子の大きさと構造 ① 原子の直径はおよそ[①　　　]m である❶。

② 原子の種類により，大きさが決まって[②　　　]。

b 原子の構造

粒子		電荷❸	1個の質量	質量比
原子核❷	[③　　　]	+1	1.673×10^{-24} g	1
	[④　　　]	[⑤　　　]	1.675×10^{-24} g	[⑥　　　]
[⑦　　　]		[⑧　　　]	9.109×10^{-28} g	[⑨　　　]

c 原子番号 ① 原子番号 = [⑩　　　]の数
= [⑪　　　]の数

したがって，原子全体としては電気的に[⑫　　　]。

② 原子番号は，それぞれの元素に固有の数値。

d 質量数 ① 質量数 = [⑬　　　]の数 + [⑭　　　]の数

② 陽子，中性子の質量と比べれば，電子の質量は無視できるほど小さい。

したがって，原子の質量は[⑮　　　]の質量にほぼ等しく，

[⑯　　　]にほぼ比例。

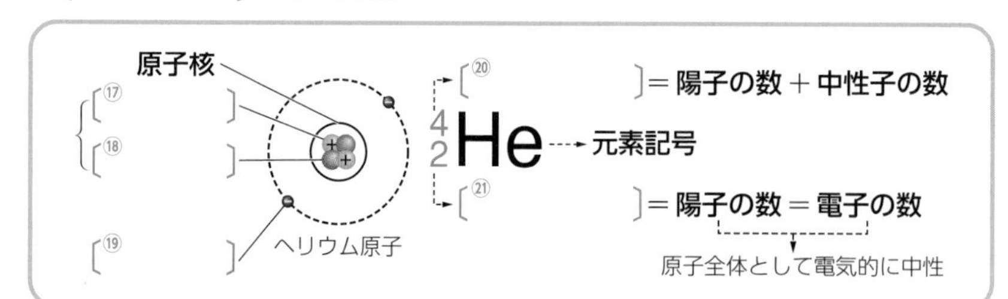

B 同位体

a 同位体 ① 同じ元素の原子で，原子核の中性子の数が異なる原子どうしを，

互いに[㉒　　　]という。

② 同位体は，

同じ元素の原子…[㉓　　　]が同じ…陽子の数・電子の数は同じなので，[㉔　　　]性質はほとんど同じ

中性子の数が異なる…[㉕　　　]が異なる…原子の質量は異なる

---

❶指数の表し方

$10^{-10}=\frac{1}{10^{10}}$

$=0.0000000001$

長さの単位は10の3乗ごとに接頭語が変わる。

1 mm(ミリ) = 10^{-3} m

1 μm(マイクロ) = 10^{-6} m

1 nm(ナノ) = 10^{-9} m

10^{-10} m = 10^{-7} mm

= 0.1 nm

❷原子核は原子に比べてはるかに小さく，直径 10^{-15}～10^{-14} m 程度。

❸陽子や電子の1個がもつ電荷の絶対値は，1.602×10^{-19} C(クーロン)である。

これは，電気量の最小の単位で電気素量とよばれる。

b 同位体の存在比 元素は，多くの場合何種類かの同位体がほぼ一定の割合で混じって存在している。

▼表 おもな同位体とその存在比

元素名	同位体	陽子の数	中性子の数	電子の数	存在比(%)
水素	$^{1}_{1}H$	1	0	1	99.9885
	$^{2}_{1}H$	[①]	[②]	[③]	0.0115
塩素	$^{35}_{17}Cl$	[④]	[⑤]	[⑥]	75.76
	$^{37}_{17}Cl$	[⑦]	[⑧]	[⑨]	24.24

$^{A}_{Z}E$ … A：質量数，E：元素記号，Z：原子番号

陽子の数＝Z＝電子の数
中性子の数＝$A-Z$

C 電子配置

a 電子殻 ① 原子核のまわりの電子は，いくつかの層に分かれて存在する。

② この層を[⑩]といい，原子核に近いものから順にK殻，[⑪]殻，[⑫]殻，[⑬]殻，…とよぶ。

③ それぞれの電子殻に入ることのできる電子の最大数は，決まっている(右図)❶。

電子殻(最大収容電子数)
M殻(18個)
L殻(8個)
K殻(2個)
$Z+$
原子核

④ 原子核に近い電子殻の電子ほどエネルギーの低い安定した状態にある。

❶電子殻に番号をつけてK($n=1$)，L($n=2$)，M($n=3$)，…とすれば，電子殻に入る電子の最大数は，それぞれ$2n^2$個となる。

b 電子配置 ① 電子は，原子核に近い[⑭]殻から順に入っていく。

K殻が[⑮]個の電子でいっぱいになると ➡ 電子は[⑯]殻に入りはじめる。そこが[⑰]個の電子でいっぱいになると ➡ 電子は[⑱]殻に入りはじめる。………

② ヘリウムHeのK殻，ネオンNeのK殻・L殻のように(→p.14)，最大数の電子で満たされた電子殻を[⑲]という。閉殻の電子配置や，最も外側の電子殻に[⑳]個の電子が入っている電子配置は安定である。

③ 原子の化学的性質は，おもに原子の[㉑]によって決まる❷。

❷「同位体」の化学的性質がほとんど同じなのは，同位体は電子の数が同じで，電子配置も同じになるからである。

参考 放射性同位体

同位体の中には，原子核が不安定で，放射線とよばれる粒子や電磁波を放出して，別の原子核に変わるものがある。このような同位体を[㉒]という。また，放射線を出す性質のことを[㉓]という。例えば，水素には$^{3}_{1}H$，炭素には$^{14}_{6}C$の放射性同位体が存在する。

放射性同位体がもとの半分の量になるのに要する時間を[㉔]といい，放射性同位体ごとにその長さは異なる。

放射線は細胞や遺伝子を変化させることがあるので，その扱いには，十分な注意が必要である。放射性同位体は，放出する放射線を目印にした化学反応のしくみの解明や，放射線を患部に照射して行う放射線治療などに利用されている。また，$^{14}_{6}C$を用いた年代測定も行われている。

▼表 放射性同位体の例と半減期

例	$^{14}_{6}C$	$^{131}_{53}I$	$^{137}_{55}Cs$	$^{226}_{88}Ra$
半減期	5730年	8日	30年	1600年

c 貴ガス（希ガス）の電子配置　① ヘリウム He，[①　　　　]Ne，[②　　　　]Ar，クリプトン Kr，キセノン Xe などの周期表[③　　]族の元素を[④　　　　]元素とよぶ。

② 貴ガスは，最も外側の電子殻が[⑤　　]殻，または[⑥　　]個の電子が入った安定な電子配置。

③ 貴ガスの価電子の数は[⑦　　]個とする。

④ 貴ガスは反応性に乏しいので，[⑧　　　　]ガスともいう。

▼表　貴ガスの電子配置

原子＼電子殻	K	L	M	N	O
$_{2}$He	2				
$_{10}$Ne	2	8			
$_{18}$Ar	2	8	[⑨　　]		
$_{36}$Kr	2	8	18	[⑩　　]	
$_{54}$Xe	2	8	18	18	[⑪　　]

d 価電子　① 最外殻電子のうち，原子がイオンになったり，原子どうしが結びついたりするときに重要なはたらきをする電子を[⑫　　　　]とよぶ。

➡基礎ドリル 4 (p.33)

② 価電子の数が同じ原子どうしは，化学的性質が[⑬　　　　]。

③ 原子番号 20 までの原子の電子配置❶と価電子の数❷

原子	K 殻	L 殻	価電子の数
$_{1}$H	1		1
$_{2}$He	2		[⑭　　]
$_{3}$Li	2	[⑮　　]	[⑯　　]
$_{4}$Be	2	[⑰　　]	[⑱　　]
$_{5}$B	2	[⑲　　]	[⑳　　]
$_{6}$C	2	[㉑　　]	[㉒　　]
$_{7}$N	2	[㉓　　]	[㉔　　]
$_{8}$O	2	[㉕　　]	[㉖　　]
$_{9}$F	2	[㉗　　]	[㉘　　]
$_{10}$Ne	2	[㉙　　]	[㉚　　]

原子	K 殻	L 殻	M 殻	N 殻	価電子の数
$_{11}$Na	2	8	[㉛　　]		[㉜　　]
$_{12}$Mg	2	8	[㉝　　]		[㉞　　]
$_{13}$Al	2	8	[㉟　　]		[㊱　　]
$_{14}$Si	2	8	[㊲　　]		[㊳　　]
$_{15}$P	2	8	[㊴　　]		[㊵　　]
$_{16}$S	2	8	[㊶　　]		[㊷　　]
$_{17}$Cl	2	8	[㊸　　]		[㊹　　]
$_{18}$Ar	2	8	[㊺　　]		[㊻　　]
$_{19}$K	2	8	8	[㊼　　]	[㊽　　]
$_{20}$Ca	2	8	8	[㊾　　]	[㊿　　]

❶ M 殻には電子が 18 個まで入ることができるが，$_{19}$K，$_{20}$Ca では M 殻は 8 個のままでそれ以上は N 殻に入っている。これは，M 殻に電子が 9 個，10 個と増加するより，N 殻に入ったほうがエネルギー的に安定だからである。

❷ 最も外側の電子殻が，K 殻ならば 2 個，その他の電子殻では 8 個の電子が入っているとき，安定な電子配置となり，価電子の数は 0 とする。

④ 元素の周期表と原子の電子配置・価電子の数

周期＼族	1	2	13	14	15	16	17	18
1	1+ H							2+ He
2	3+ Li	4+ Be	5+ B	6+ C	7+ N	8+ O	9+ F	10+ Ne
3	11+ Na	12+ Mg	13+ Al	14+ Si	15+ P	16+ S	17+ Cl	18+ Ar
価電子の数	[(51)　　]	[(52)　　]	[(53)　　]	[(54)　　]	[(55)　　]	[(56)　　]	[(57)　　]	[(58)　　]

2 イオン

A イオンとイオンの生成

➡基礎ドリル 2, 4 (p.32〜33)

a イオン　① 原子は，全体としては電気的に［①　　　］であるから，電子を放出したり受け取ったりすると，［②　　　］を帯びるようになる。この粒子を［③　　　］という。

② 原子が電子を放出する
　→［④　］の電荷をもつ［⑤　　　］
　原子が電子を受け取る
　→［⑥　］の電荷をもつ［⑦　　　］

Ca^{2+}　Cl^{-}

イオンの価数(1は書かない)
電荷の符号(＋または－)
<イオンの表し方>

③ 放出したり受け取ったりした電子の数を，イオンの［⑧　　　］という。イオンは，元素記号の右上にイオンの価数と符号(＋，－)をつけた化学式(→ p.22, 31)で表される。

b 陽イオンの生成

① 価電子が 1 個の原子 → 電子を 1 個放出して 1 価の陽イオン
…原子番号が 1 だけ小さい貴ガス原子と同じ電子配置[1]

例

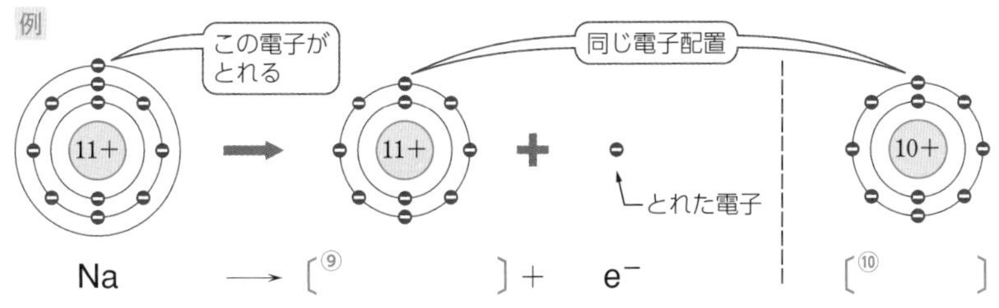

② 価電子が 2 個の原子 → 電子を 2 個放出して［⑪　　］価の陽イオン
…原子番号が［⑫　　］だけ小さい貴ガス原子と同じ電子配置

③ 原子が陽イオンになる性質を，［⑬　　］性という[1]。

c 陰イオンの生成

① 価電子が 7 個の原子 → 電子を 1 個受け取って 1 価の陰イオン
…原子番号が 1 だけ大きい貴ガス原子と同じ電子配置[1]

例

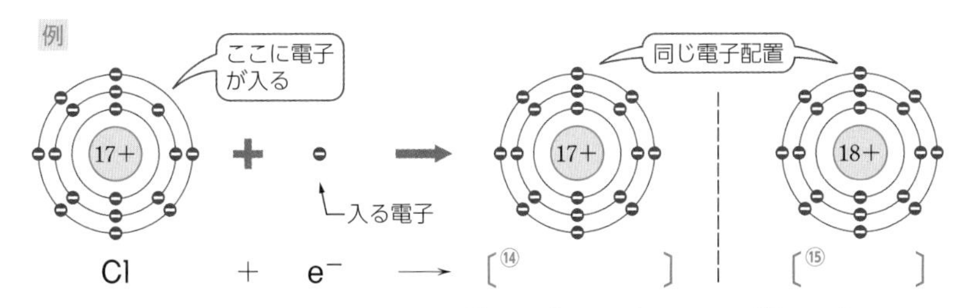

② 価電子が 6 個の原子 → 電子を［⑯　　］個受け取って［⑰　　］価の陰イオン…原子番号が［⑱　　］だけ大きい貴ガス原子と同じ電子配置

③ 原子が陰イオンになる性質を，［⑲　　］性という[1]。

d 多原子イオン　2 個以上の原子が結合した原子団が，電子を放出したり受け取ったりしてできたイオンを［⑳　　　　　］という。

[1] 原子がイオンになると，原子番号が最も近い貴ガス原子の電子配置に等しくなる。
価電子が 1〜3 個の原子は陽性が強く，陽イオンになりやすい。また，価電子が 6 個や 7 個の原子は陰性が強く，陰イオンになりやすい。

B おもなイオンとそのイオンを表す化学式[1]

価数	陽イオン	化学式
1価	水素イオン	H^+
	ナトリウムイオン	Na^+
	カリウムイオン	K^+
	銀イオン	Ag^+
	アンモニウムイオン	NH_4^+
2価	マグネシウムイオン	Mg^{2+}
	カルシウムイオン	Ca^{2+}
	バリウムイオン	Ba^{2+}
	銅(Ⅱ)イオン[2]	Cu^{2+}
	鉄(Ⅱ)イオン[2]	Fe^{2+}
	亜鉛イオン	Zn^{2+}
3価	アルミニウムイオン	Al^{3+}
	鉄(Ⅲ)イオン[2]	Fe^{3+}

価数	陰イオン	化学式
1価	フッ化物イオン	F^-
	塩化物イオン	Cl^-
	ヨウ化物イオン	I^-
	水酸化物イオン	OH^-
	硝酸イオン	NO_3^-
	酢酸イオン	CH_3COO^-
	炭酸水素イオン	HCO_3^-
2価	酸化物イオン	O^{2-}
	硫化物イオン	S^{2-}
	硫酸イオン	SO_4^{2-}
	炭酸イオン	CO_3^{2-}
3価	リン酸イオン	PO_4^{3-}

C イオン化エネルギーと電子親和力

a イオン化エネルギー

① 原子の最も外側の電子殻から1個の電子を取りさって，1価の[①]にするのに必要なエネルギーを，[②]という。

② イオン化エネルギーが[③]原子ほど，陽イオンになりやすい([④]性が強い)[3]。

(大) エネルギー (小)
11+ Na⁺
11+ Na
エネルギーを吸収 = イオン化エネルギー
<イオン化エネルギー>

b 電子親和力

① 原子が最も外側の電子殻に1個の電子を受け取って，1価の[⑤]になるときに放出されるエネルギーを，[⑥]という。

② 電子親和力が[⑦]原子ほど，陰イオンになりやすい([⑧]性が強い)。

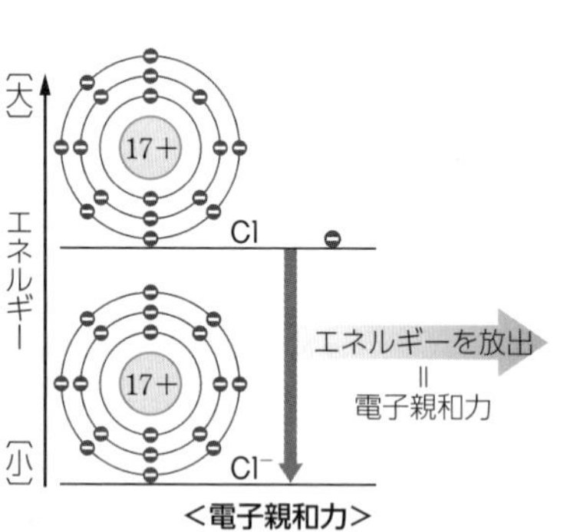

イオン化エネルギーが小さい ⟶ 陽イオンになりやすい
- 価電子が1個の原子 → 1価の陽イオンになる 例 Na^+
- 価電子が2個の原子 → 2価の陽イオンになる 例 Mg^{2+}

電子親和力が大きい ⟶ 陰イオンになりやすい
- 価電子が6個の原子 → 2価の陰イオンになる 例 S^{2-}
- 価電子が7個の原子 → 1価の陰イオンになる 例 Cl^-

---

[1] 単原子イオンの名称は，陽イオンでは「元素名＋イオン」。陰イオンでは，語尾が「～化物イオン」となる。例 塩化物イオン　酸化物イオン

[2] 銅や鉄などでは，価数の異なる複数のイオンが存在する。この場合，価数をローマ数字で( )内に付記する。

[3] 1価の陽イオンになりやすいNa，Kはイオン化エネルギーが小さい(→ p.17)。

3 元素の周期表

A 元素の周期律と周期表

a 周期律　① 元素を[①　　　　　　]の順に並べると，[②　　　　]のよく似た元素が規則的に一定の間隔で現れる。これを元素の[③　　　　　]という。

② 元素に周期律があるのは，原子番号の増加に伴い[④　　　　　]の数が周期的に変化しているためである。

③ 周期律の見られるものには[⑤　　　　　　　　　　　]，電子親和力，単体の融点，原子の大きさなどがある。

<価電子の数>

b 周期表　① 元素を[⑥　　　　　　]の順に並べて，性質のよく似た元素が[⑦　　]の列に並ぶようにした表を，元素の[⑧　　　　　]という。

② ロシアの[⑨　　　　　　　　　]が，1869年に発表した。

③ 周期表の縦の並びを[⑩　　]，横の並びを[⑪　　　　]という。周期表は1～18族，1～7周期で構成されている。

❶同一周期では，貴ガス元素(He, Ne, Ar)が最大で，これらの原子は電子配置が安定であることを示している。
一方，アルカリ金属元素(Li, Na, K)は，同一周期では最小である。これは，1個の価電子が放出されやすいことを示している。

B 元素の分類

a 典型元素と遷移元素　① 周期表の1，2族および13～18族の元素を[⑫　　　　　　]という。

・原子番号が増えるに従って[⑬　　　　　]の数が規則的に変化する。

・周期表の縦に並ぶ元素は[⑭　　　　　]の数が等しく，性質が似ている。

② 周期表の3～12族の元素を[⑮　　　　　　]という。

・原子番号が増加しても性質は大きく変わらず，周期表の[⑯　　]に並んだ元素どうしの性質が似ることが多い。

b 金属元素と非金属元素　① 一部の典型元素とすべての遷移元素は，単体が金属の性質❷を示すので[⑰　　　　　　]という❸。

・金属元素は[⑱　　]性が強く，[⑲　　]イオンになりやすい。

…周期表の[⑳　　　　]の元素ほど陽性が強い。

② 金属元素以外の元素を[㉑　　　　　　　　　]という。

・18族を除いた非金属元素は[㉒　　]性が強く，[㉓　　]イオンになりやすい。

…周期表の[㉔　　　　]の元素(18族を除く)ほど陰性が強い。最も陰性の強い元素は[㉕　　　　　]である。

❷金属の性質
・金属光沢がある。
・電気や熱をよく通す。

❸詳しい性質がわかっていない元素も存在する。

C 同族元素

a 同族元素　周期表の同じ族に属する元素を［①　　　　　　　　］という。同族元素の一部には，固有の名称がつけられている。

b 1族元素　① H を除く 1 族元素を，［②　　　　　　　　　　］元素という。

② アルカリ金属元素を 3 つあげると［③　　　　　　　　］
↑原子番号の小さい順に元素記号で書け。

③ アルカリ金属は価電子が［④　　］個なので，［⑤　　］価の陽イオンになりやすい。

c 2族元素　① 2 族元素を，［⑥　　　　　　　　　　　　　　］元素という。

② アルカリ土類金属元素を 3 つあげると［⑦　　　　　　　　］
↑原子番号の小さい順に元素記号で書け。

③ アルカリ土類金属は価電子が［⑧　　］個なので，［⑨　　］価の陽イオンになりやすい。

d 17族元素　① 17 族元素を，［⑩　　　　　　］元素という。

② ハロゲン元素を 4 つあげると［⑪　　　　　　　　］
↑原子番号の小さい順に元素記号で書け。

③ ハロゲンは価電子が［⑫　　］個で，［⑬　　］価の陰イオンになりやすい。単体は 2 個の原子からなる分子で，これを［⑭　　　　　　］分子という。

e 18族元素　① 18 族元素を，［⑮　　　　　］元素という。

② 貴ガス元素を 3 つあげると［⑯　　　　　　］❶
↑原子番号の小さい順に元素記号で書け。

③ 貴ガスの価電子の数は［⑰　　］個で，安定な電子配置である。

❶ He は軽いので風船や飛行船に使われる。Ne や Ar は電球や放電管に封入して用いられる。

この章の基本事項を確認してみよう！

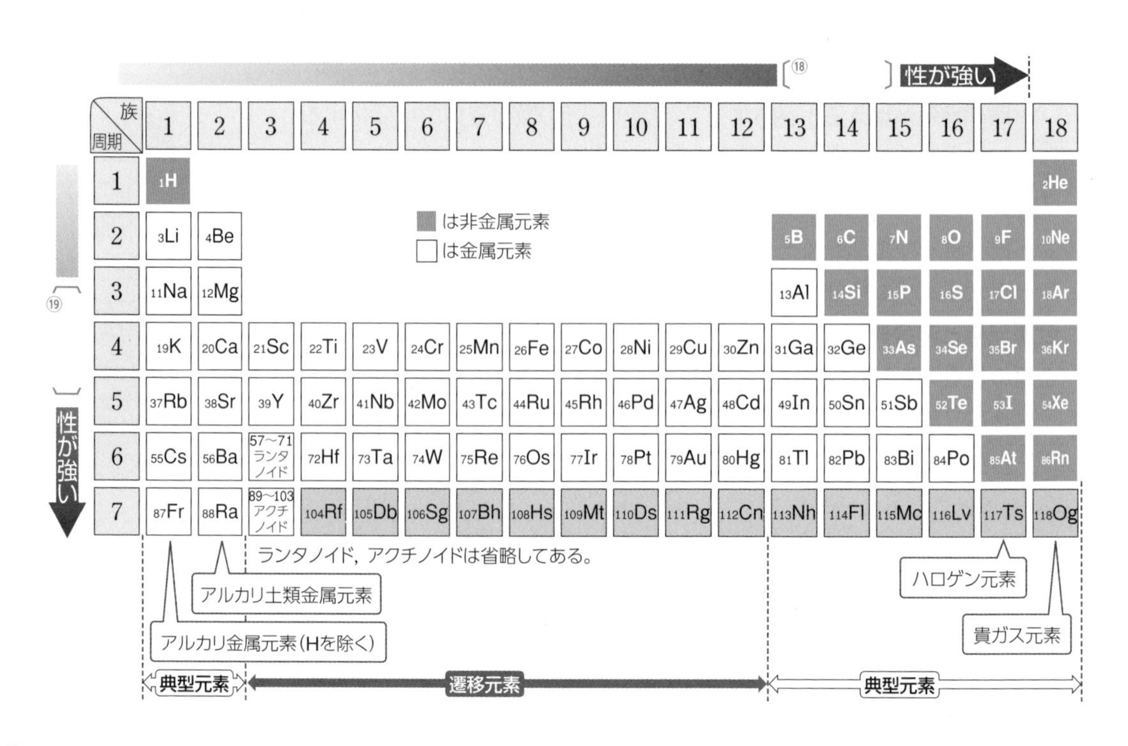

定期テスト対策問題

1 **電子配置**　次の文中の(　)に適する語句または数値を入れよ。

原子は，正の電荷をもった(　ア　)のまわりを(　イ　)が取り巻いている。(ア)は(　ウ　)と(　エ　)とからできており，(ウ)の数を(　オ　)という。同じ元素で(エ)の数が異なる原子どうしは(　カ　)といい，それらの化学的性質はほとんど同じである。(ウ)と(エ)の数の和は(　キ　)という。

(イ)はいくつかの層に分かれて存在しており，この層を(　ク　)という。(ア)に近いものから順に(　ケ　)殻，(　コ　)殻，(　サ　)殻とよび，それらに収容できる(イ)の最大数はそれぞれ(　シ　)個，(　ス　)個，(　セ　)個である。最も外側の電子殻に入っている1～7個の(イ)は(　ソ　)とよばれ，原子の化学的性質に深い関係がある。

周期表の18族である(　タ　)元素は，最も外側の電子殻が電子で満たされて(　チ　)になっているか8個で安定しているので，これらの(ソ)の数は(　ツ　)個とする。1個の(ソ)をもつ(　テ　)元素は，(ソ)を放出して(　ト　)になる傾向があり，また，最も外側の電子殻の(イ)が(タ)元素と比べて1個足りない(　ナ　)元素は，他から(イ)を受け入れて(　ニ　)になる傾向がある。

2 **イオン化エネルギー**　図は，原子のイオン化エネルギーと原子番号の関係を示している。元素群(a, b, c)と(x, y, z)の名称を，①～④から1つずつ選べ。

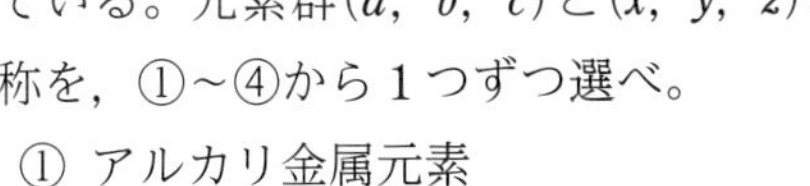

① アルカリ金属元素
② アルカリ土類金属元素
③ ハロゲン元素　④ 貴ガス元素

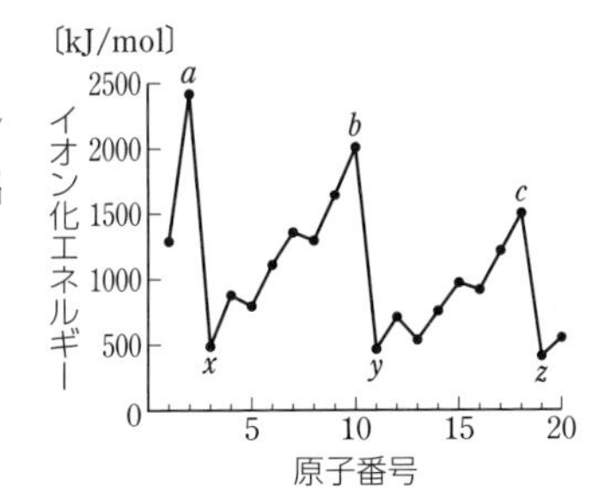

3 **中性子・電子**　次の(1)～(4)に当てはまるものを，それぞれの解答群①～⑤のうちから1つずつ選べ。

(1) ^{14}C と ^{14}N とで同じであるもの
① 原子番号　② 中性子の数　③ 質量数　④ 電子の数　⑤ 陽子の数

(2) 中性子の数が等しいものの組合せ
① $^{12}_{6}C$, $^{13}_{6}C$　② $^{19}_{9}F$, $^{20}_{10}Ne$　③ $^{24}_{12}Mg$, $^{20}_{10}Ne$　④ $^{40}_{18}Ar$, $^{56}_{26}Fe$
⑤ $^{40}_{19}K$, $^{40}_{20}Ca$

(3) 原子の価電子の数が多いものから順に並べたもの
① B＞Mg＞P＞Si　② P＞Si＞Mg＞B　③ Si＞B＞P＞Mg
④ P＞Si＞B＞Mg　⑤ Si＞P＞B＞Mg

(4) 電子の総数が同じものの組合せ
① CH_4, S^{2-}　② Cl^-, H_2O　③ OH^-, Li^+
④ K^+, Al^{3+}　⑤ H_2S, HCl

1

(ア)	(イ)
(ウ)	(エ)
(オ)	(カ)
(キ)	(ク)
(ケ)	(コ)
(サ)	(シ)
(ス)	(セ)
(ソ)	(タ)
(チ)	(ツ)
(テ)	
(ト)	
(ナ)	(ニ)

2

(a, b, c)

(x, y, z)

3

(1)

(2)

(3)

(4)

3 粒子の結合

① 物質を構成する原子やイオンの間の結びつき(化学結合)について学ぼう。
② 原子が結びついてできた「分子」について，その性質を学ぼう。
③ 化学結合の違いによって，物質の性質がどのように異なるかを理解しよう。

1 イオン結合とイオンからなる物質

A イオン結合

a イオン結合 陽イオンと陰イオンとが[①]❶によって引きあってできる結合を，[②]という。

例

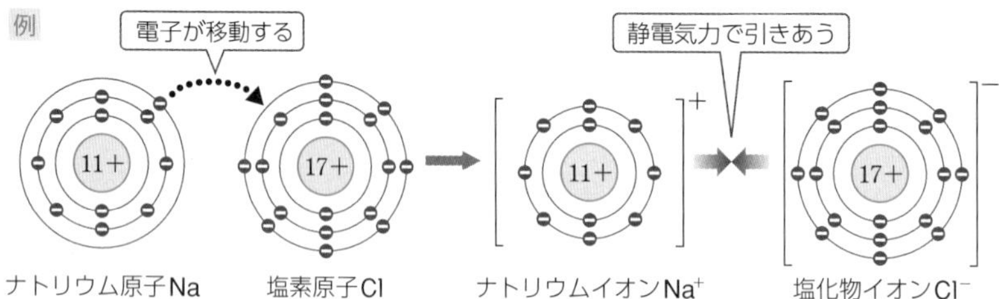

B イオンからなる物質

a イオン結晶

① 粒子が規則正しく配列した固体を[③]という。

② 陽イオンと陰イオンとがイオン結合で三次元的に結びついた結晶を，[④]という。

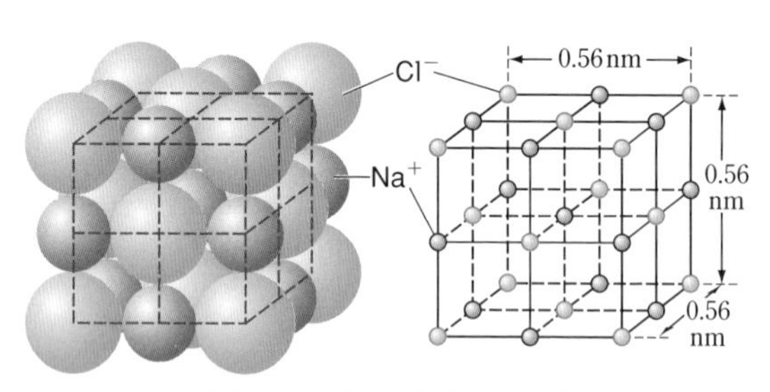

<塩化ナトリウムの結晶と結晶格子>

③ イオン結晶では，結晶全体で電気的に[⑤]である。

b イオンからなる物質の性質 ① イオン結合は強い結合なので，その結晶(イオン結晶)は一般に硬く，融点は[⑥]。常温では固体である。

② イオン結晶に外から強い力がかかると，イオンの位置関係がずれ，反発する。そのため，結晶はもろくて割れ[⑦]。

③ **電気伝導性**……イオン結晶は，そのままでは電気を[⑧]が，加熱して[⑨]させたり，水に溶かして水溶液にすると，[⑩]が自由に動けるようになるため，電気を[⑪]ようになる。

④ 物質がイオンに分かれることを[⑫]といい，水に溶けて電離する物質を[⑬]という。一方，水に溶けても電離しない物質を[⑭]という。

例 電 解 質：塩化ナトリウム $NaCl \longrightarrow Na^{+} + Cl^{-}$
非電解質：エタノール $C_2H_6O \longrightarrow$ 電離しない

❶電荷の符号が異なっていれば，引きあう力，符号が同じであれば，反発しあう力となる。

c イオンからなる物質の表し方 ① イオンからなる物質を表すときには，その成分元素の原子の数を最も簡単な整数比で表した［①　　　　］を用いる。

➡基礎ドリル3(p.32)

② 組成式は［②　　］イオンを先に，［③　　］イオンを後に書く[1]。

③ 組成式は，陽イオンと陰イオンを組み合わせて，全体が電気的に［④　　　　］になるようにしてつくることができる[2]。

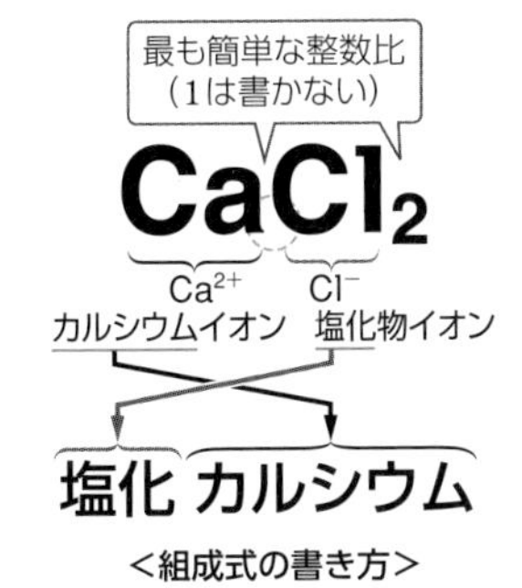

<組成式の書き方>

イオンからなる物質の電気的中性
陽イオンの価数 × 陽イオンの個数
＝ 陰イオンの価数 × 陰イオンの個数

[1] 読み方は逆に陰イオンを先に，陽イオンを後に読む。このとき，陰イオンが「～化物イオン」のときは「物イオン」をとる。

[2] おもな陽イオン，陰イオンの化学式(→ p.16)を覚えておけば，組成式をつくるのに便利である。

[3] 一般に，金属元素と非金属元素の化合物はイオン結合でできていると考えてよい。

d イオンからなる物質の例[3]

① 塩………酸と塩基の中和(→ p.65)によってできた物質

② 金属元素の酸化物……金属イオンと酸化物イオン O^{2-} からなる物質

③ 塩基……金属イオンと水酸化物イオン OH^- からなる物質

塩		金属元素の酸化物		塩基	
硝酸アンモニウム	［⑤　　］	酸化ナトリウム	Na_2O	水酸化ナトリウム	［⑨　　］
炭酸ナトリウム	［⑥　　］	酸化カルシウム	［⑦　　］	水酸化カルシウム	$Ca(OH)_2$
塩化銅(Ⅱ)	$CuCl_2$	酸化銅(Ⅱ)	CuO	水酸化銅(Ⅱ)	［⑩　　］
硝酸鉄(Ⅲ)	$Fe(NO_3)_3$	酸化鉄(Ⅲ)	［⑧　　］	水酸化アルミニウム(Ⅲ)	$Al(OH)_3$

参考 イオン結晶の構造 発展

① 塩化ナトリウム NaCl では，Na^+ は［⑪　　］個の Cl^- に囲まれ接している。
また，Cl^- は6個の Na^+ に接している。

② 塩化セシウム CsCl では，Cs^+ は［⑫　　］個の Cl^- に囲まれ接している。
また，Cl^- は8個の Cs^+ に接している。

③ このように1つの粒子に接している他の粒子の数のことを［⑬　　　　］という。
また，結晶の規則正しい粒子の配列構造のことを［⑭　　　　］といい，結晶格子の最小のくり返し構造を［⑮　　　　］という。イオン結晶の結晶格子には，図のほかにもいくつかの種類がある。

④ 結晶格子がわかれば，単位格子の中に含まれる陽イオンと陰イオンの数から，イオン結晶の組成式がわかる(単位格子中に含まれる粒子の数→ p.30)。

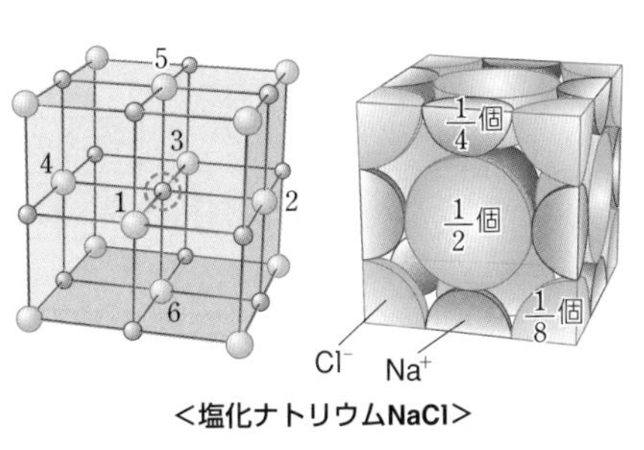

<塩化ナトリウムNaCl>

<塩化セシウムCsCl>

2 共有結合と分子

A 分子

a 分子 ① 水や二酸化炭素のように，いくつかの原子が結合してできた粒子を[①]という。

② 分子はイオンとは異なり，粒子に[②]をもたない。

b 分子式 ① 分子を表すには，構成する原子を元素記号で示し，その右下に原子の数を記した[③]を用いる。

② 組成式，分子式など，元素記号を使って物質を表した式を，総称して[④]という。

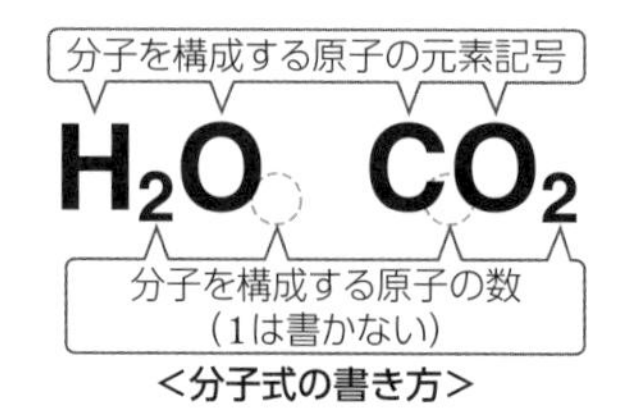

<分子式の書き方>

B 共有結合と分子の成りたち

a 共有結合 ① 2個の原子の間で，それぞれの価電子を出しあって電子の対(電子対)をつくり，それを両方の原子で共有することから生じる結合を[⑤]という❶。

② 共有結合をつくっている電子対のことを[⑥]という。共有結合に使われない電子対は[⑦]という❷。

b 水素分子 H_2 ① 水素分子は2個の水素原子が共有結合してできている。

② 水素分子中のそれぞれのH原子は，[⑧]原子と同じ安定な電子配置となっている。

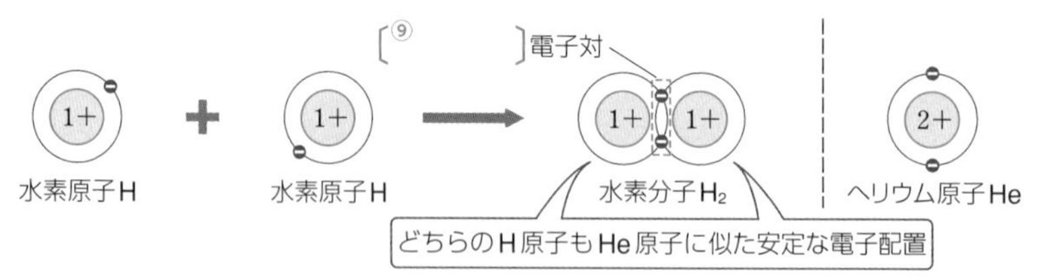

c 水分子 H_2O ① 水分子は[⑩]個の水素原子と[⑪]個の酸素原子が共有結合してできている。

② 水分子中のH原子は，共有結合により[⑫]原子と同じ電子配置に，O原子は[⑬]原子に似た電子配置になることで安定に存在する。

③ 水分子には，共有電子対が[⑭]組と非共有電子対が[⑮]組ある。

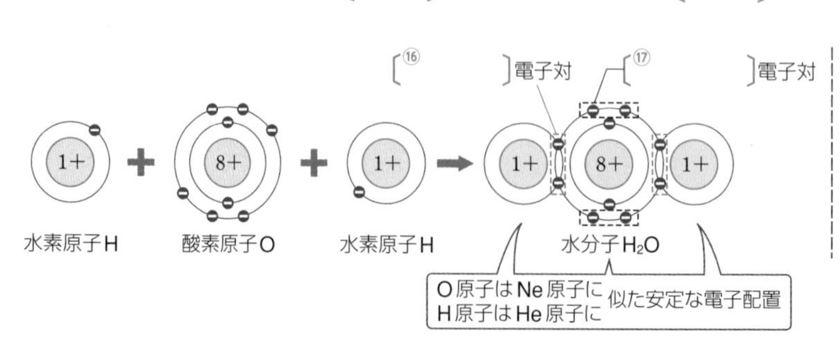

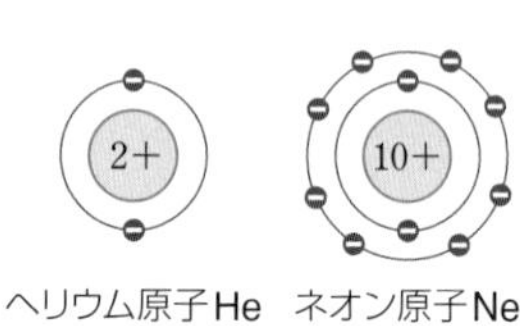

➡基礎ドリル1(p.32)

❶一般に，非金属元素の原子(C，H，O，N，S，Clなど)どうしが共有結合をする。したがって，分子は非金属元素からなる。

❷非共有電子対は，孤立電子対ということもある。

d 不対電子　結合する前の対になっていない電子を［① 　　　　］という。O 原子には［② 　］個，H 原子には［③ 　］個の不対電子がある。図のように不対電子は共有結合するための「うで」に相当する。

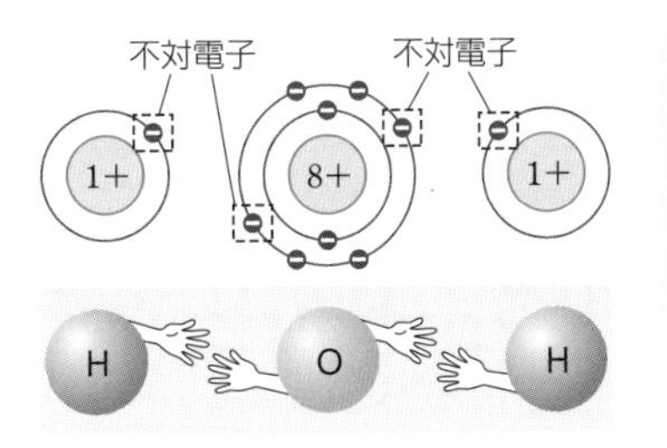

C 電子式と構造式

➡基礎ドリル 5，6 (p.33)

a 電子式　最外殻電子を点「・」で表し，元素記号のまわりに書いた化学式を［④ 　　　　］という。電子式では不対電子や電子対が簡単に表せる。

例 H 原子　H·　　O 原子　$\cdot\ddot{\text{O}}\cdot$ (上下に電子対)　　C 原子　$\cdot\dot{\text{C}}\cdot$ ❶

水分子のでき方　H· ＋ ·O· ＋ ·H ⟶ H:O:H

b 構造式　① 電子式の 1 組の共有電子対を［⑤ 　］本の線(結合を表すこの線を，価標ということがある)で表した化学式を［⑥ 　　　　］という❷。

② 構造式は原子のつながり方を示したもので，分子の形を正確に表したものではない。

c 共有結合の種類　2 原子間の共有電子対の数が

1 組の場合，［⑦ 　　　　］という。構造式では 1 本線で表す。

2 組の場合，［⑧ 　　　　］という。構造式では 2 本線で表す。

3 組の場合，［⑨ 　　　　］という。構造式では 3 本線で表す。

❶原子を電子式で表す場合，最外殻電子は 1 個ずつ 4 個まで書き，5 個めからは対にして書く。「・」の位置は特に決められていないので，·O: でも ·O: でもよい。

❷通常，構造式では非共有電子対は書かない。

▼表　いろいろな分子の分子式・電子式・構造式と分子の形

分子名	水素分子	水分子	アンモニア分子	メタン分子	二酸化炭素分子	窒素分子
分子式	H_2	H_2O	NH_3	CH_4	CO_2	N_2
電子式	H:H	H:Ö:H	H:N:H / H	H / H:C:H / H	O::C::O	:N⋮⋮N:
構造式	H－H (↑単結合)	H－O－H	H－N－H / H	H / H－C－H / H	O＝C＝O (↑二重結合)	N≡N (↑三重結合)
分子模型	直線形	折れ線形	三角錐(すい)形	正四面体形	直線形	直線形

d 原子価　構造式において１つの原子から出ている線の本数を［①　　　　　　］という。原子価は，［②　　　　］電子の数に等しい❶。

▼表　おもな原子の原子価

原子	H，F，Cl，Br	O，S	N	C，Si
原子価	1	2	3	4

❶原子価を知っていると分子式から構造式をたやすく書くことができる。

3 配位結合

a 配位結合　① 通常の共有結合は不対電子を共有し，共有電子対を形成する。しかし，一方の原子の［③　　　　　　］電子対を共有してできる結合もあり，これを［④　　　　］結合という。

② 配位結合するには，必ず非共有電子対が必要である。

③ オキソニウムイオン H_3O^+ は，水分子 H_2O に水素イオン H^+ が配位結合したものである。アンモニウムイオン NH_4^+ は，［⑤　　　　　　　　］分子に水素イオン H^+ が配位結合したものである。

④ 配位結合でできた結合の性質は，他の共有結合と同じである。

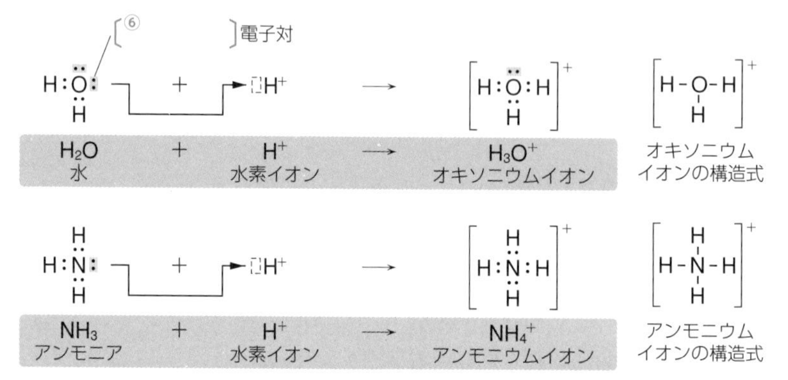

b 錯イオン　① アンモニア分子 NH_3，水分子 H_2O，シアン化物イオン CN^- などの［⑦　　　　　　　　　］をもった分子や陰イオンが，金属イオンに配位結合してできたイオンを［⑧　　　］イオンという。

② 錯イオンの中で，配位結合している分子やイオン(非共有電子対をもっている)を［⑨　　　　　］という。

例 ヘキサシアニド鉄(Ⅱ)酸イオン $[Fe(CN)_6]^{4-}$

…［⑩　　］個の配位子 CN^- が，鉄(Ⅱ)イオン Fe^{2+} に配位結合したもの。

発展 ③ **錯イオンの名前のつけ方**…配位子の数を示す数詞❷のあとに，配位子の名称，中心金属とその価数を続ける。陰イオンならば「酸」をつける。

$[Fe(CN)_6]^{4-}$ ヘキサ シアニド 鉄(Ⅱ) 酸 イオン

金属イオン　配位子　配位子の数　配位子の数を表す数詞　配位子の名称　金属イオンと価数　全体が陰イオンのときは「酸」をつける

発展 ④ 錯イオンは中心金属の種類や配位子の数により，決まった形をしている❸。

❷1…モノ，2…ジ，3…トリ，4…テトラ，5…ペンタ，6…ヘキサ。金属イオンに結合する配位子の数を，配位数という。

❸例えば，$[Fe(CN)_6]^{4-}$ は正八面体の形をしている。

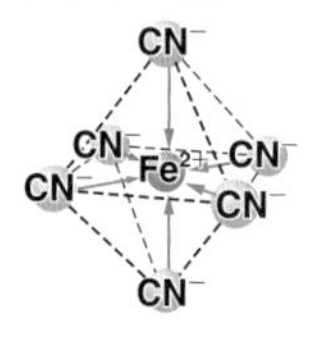

4 分子間にはたらく力

A 電気陰性度と極性

a 電気陰性度　① 共有結合において，共有電子対を引きつける強さは原子の種類によって異なり，共有電子対がどちらかの原子のほうにかたよって存在することがある。この“共有電子対を引きつける強さ”を数値で表したものを［①　　　　　　］という❶。

② 電気陰性度は［②　　］性の強い元素ほど大きく，［③　　］性の強い元素ほど小さい。

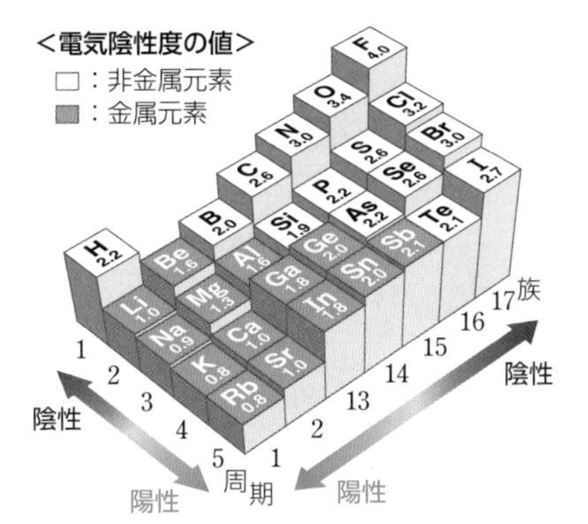

b 結合の極性　① 共有結合において，共有電子対が電気陰性度の大きい原子のほうに引きつけられて，原子間に電荷のかたよりがあることを，結合に［④　　　］があるという。

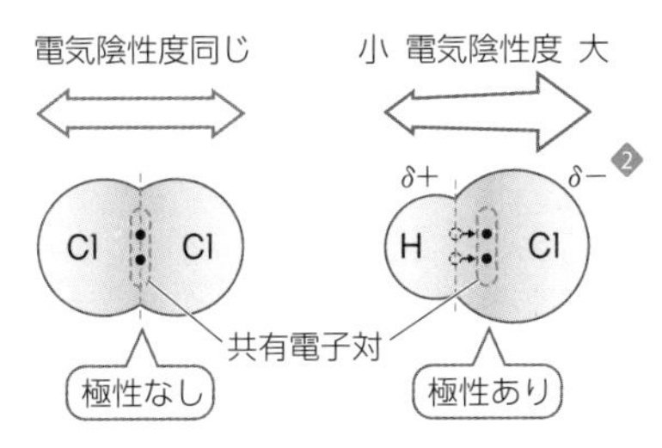

② 異なる種類の原子間での共有結合では，その原子の電気陰性度に差があるため，結合に極性が生じる❸。

例 塩素分子 Cl_2

…同じ原子でできているので，原子間の［⑤　　　　　　　］に差がなく，共有電子対は両方の原子核から同じように引かれる。

→結合に極性が［⑥　　　　］。

塩化水素分子 HCl

…異なる種類の原子でできていて，電気陰性度の［⑦　　　　］な Cl 原子のほうに共有電子対が引きつけられているので，Cl 原子はいくらか［⑧　　］の電荷を帯び，H 原子はいくらか［⑨　　］の電荷を帯びる。

→結合に極性が［⑩　　　　］。

c 分子の極性　① 分子全体として電荷のかたよりのあるものを［⑪　　　　］分子という。分子全体として電荷のかたよりがないものを［⑫　　　　　　］分子という。

② 分子の極性は，結合の極性に加え，分子の［⑬　　　］を考えなければならない。結合に極性があっても，分子全体でそれが打ち消されるような形の分子では無極性分子になる❹。

δ−　δ+　δ−
O←C→O
二酸化炭素 CO_2
（直線形）
→が正反対の方向を向いている…極性が打ち消される

δ−
δ+　O　δ+
H　H
水 H_2O
（折れ線形）
→が全体に上側に向いている…極性は打ち消されない

❶ポーリングによって初めて提唱された。

❷ δ（デルタ）は，「いくらか」「わずか」という意味。いろいろな結合において δ を用いるが，それが同じ値を示すわけではない。

❸電気陰性度の差がとても大きいと，電子対は完全に一方の原子に移ってしまう。この状態はイオン結合であると考えられる。つまり，極性のある結合の最も極端なものがイオン結合であり，電気陰性度に差があれば，共有結合であっても部分的にイオン結合の性質をもっていることになる。

❹極性分子からなる物質は，同じく極性分子からなる液体に溶けやすい。例えば，塩化水素やアンモニアは水に溶けやすい。一方，無極性分子からなる水素やメタンは，水にほぼ溶けない。

	無極性分子	極性分子
二原子分子	単体(結合に極性がない) 例　H-H,　Cl-Cl 水素　塩素	化合物(結合に極性がある) 例　δ+ δ− H-Cl 塩化水素
多原子分子	正の電荷の中心と負の電荷の中心が分子の中心で一致する形の場合 例 δ− δ+ δ− O C O 二酸化炭素（直線形） H δ+, δ− C, δ+ H, δ+ H, δ+ H メタン（正四面体形）	分子が左のような対称構造でない場合 例 δ− O, δ+ H, δ+ H 水（折れ線形） δ− N, δ+ H, δ+ H, δ+ H アンモニア（三角錐形）

発展 B 分子間にはたらく力

a 分子間力　① 分子間にはたらく比較的弱い力をまとめて［①　　　　　　］という。

② 分子間力の種類

ファンデルワールス力…すべての分子間にはたらく弱い引力

水素結合…水素原子をはさんでできる分子間の結合

③ 分子間力は，イオン結合や共有結合，金属結合に比べ，はるかに［②　　　　］い。

b 分子間力と沸点・融点　① 一般に，分子間力が強いほど，その物質の沸点・融点は［③　　　　］くなる。

② 無極性分子では，分子の質量(分子量→ p.40)が大きくなるほど，分子間力は［④　　　　］くなる。

→ 沸点が［⑤　　　　］くなる。

③ 極性分子では，極性による分子間の静電気力により，同じ分子量の無極性分子よりも分子間力が［⑥　　　　］くなる。

→ 沸点が［⑦　　　　］くなる。

c 水素結合　① 周期表第2周期の元素のうち，電気陰性度が大きい3つの原子F，O，NがH原子と結合したF-H，O-H，N-Hでは，結合の［⑧　　　　］が特に大きい。その結果，正の電荷を帯びたH原子が隣の分子の［⑨　　　　］の電荷を帯びたF，O，N原子と引きあう。

② F，O，N原子の間に，H原子をはさんでできる分子間の結合を［⑩　　　　　　　］という。

［⑪　　　　　　］は，化学結合より弱いが，

［⑫　　　　　　　　　　　］よりはかなり強い。

参考 極性溶媒

水 H_2O は極性分子の液体で，極性分子やイオンからなる物質(極性が強い)とよく混じる(溶かす)。また，ヘキサンやナフタレンのような無極性分子は水に混じりにくい。
水のような極性分子の液体を**極性溶媒**，ヘキサンのような無極性分子の液体を**無極性溶媒**という。

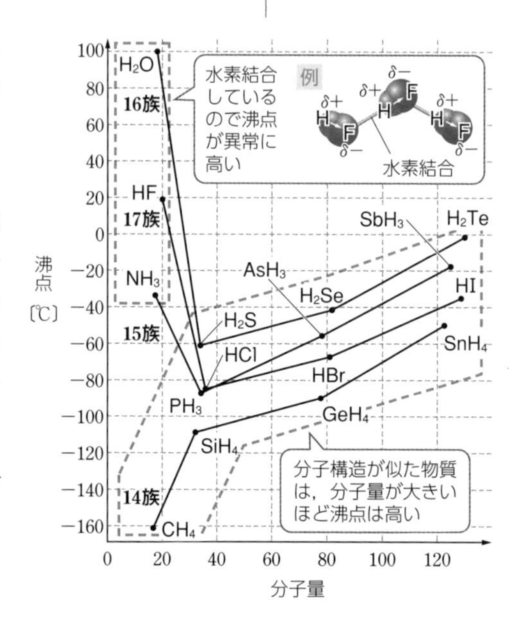

C 分子からなる物質

a 分子結晶 ① 分子からなる物質の結晶(固体)を[①]という❶。

② 分子結晶で分子どうしを結びつけている力は[②]である。

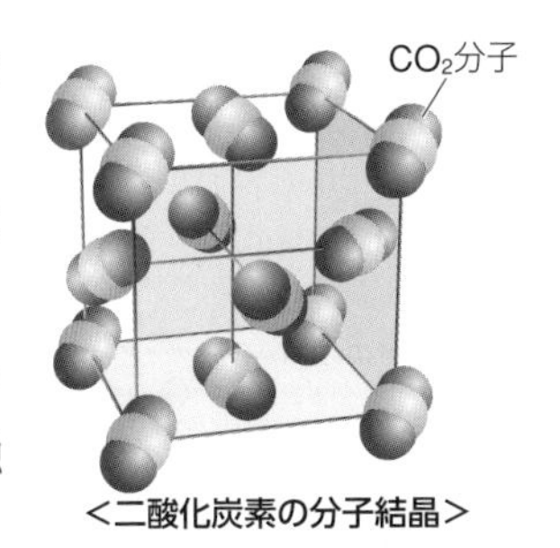

<二酸化炭素の分子結晶>

b 分子結晶の性質 ① 分子間力は[③]い力なので，一般に分子結晶はやわらかく，融点や沸点は[④]い。

② 無極性分子の分子結晶は[⑤]しやすい。

例 二酸化炭素(ドライアイス)CO_2，ヨウ素I_2，ナフタレン$C_{10}H_8$

③ 分子結晶は，そのままでも融解させても電気を[⑥]。また，塩化水素HClや酢酸CH_3COOHのような[⑦]は水に溶けると電離してイオンが生じるので，電気を[⑧]が，非電解質は電気を通さない。

c 分子からなる物質の例

	物質		融点[℃]	沸点[℃]	特徴
無機物	水素	[⑨]	−259	−253	最も軽い気体。
	酸素	[⑩]	−218	−183	空気の成分。
	塩化水素	[⑪]	−114	−84.9	水溶液は塩酸で，酸性。
	アンモニア	[⑫]	−77.7	−33.4	空気より軽い。塩基性。
有機化合物	メタン	[⑬]	−183	−161	天然ガスの主成分。
	エチレン	C_2H_4	−169	−104	分子内に二重結合がある。
	エタノール	C_2H_6O	−115	78.3	特有のにおいをもつ。
	酢酸	CH_3COOH	16.6	118	食酢の成分。

5 高分子化合物

A 高分子化合物とその例

a 高分子化合物 ① 数百～数千個以上の非常に多くの原子でできている分子を[⑭]という。小さな構造単位がくり返されて，大きな分子となっている。

② 高分子化合物は，小さな分子が次々と結合して生成する。もとの小さな分子を[⑮](モノマー)といい，これがたくさんつながったものを[⑯](ポリマー)とよぶ。

③ 重合体を生成する反応を[⑰]反応といい，おもに付加重合と縮合重合とがある。

❶分子結晶もイオン結晶など他の結晶と同じように，分子が規則正しく配列した構造をしている。

b ポリエチレン　① ポリエチレンの単量体は［①　　　　］(C_2H_4)である[1]。

② 分子中の二重結合C=Cの1本が開いて別のエチレン分子と結合する。この反応が次々と起こり，ポリエチレンができる。このような反応を［②　　　　］という。

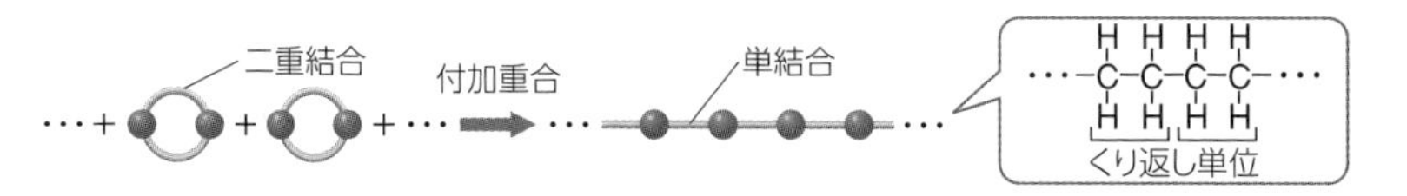

c ポリエチレンテレフタラート　① ポリエチレンテレフタラートの単量体は［③　　　　］($C_2H_4(OH)_2$)と［④　　　　］($C_6H_4(COOH)_2$)である[2]。

② 2つの分子からHとOHがとれて水H_2Oになり，残った部分が結合して1つの分子になる。この反応が次々に起こり，ポリエチレンテレフタラートができる。このような反応を［⑤　　　　］という。

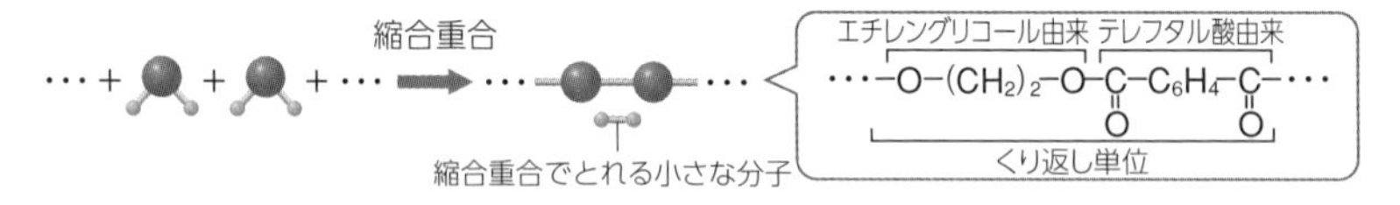

6 共有結合の結晶

A 共有結合の結晶

a 共有結合の結晶　① 原子が共有結合で次々とつながってできた結晶を［⑥　　　　］という。

② 共有結合の結晶を表す化学式は，［⑦　　　　］を用いる。

b ダイヤモンドと黒鉛[3]

	ダイヤモンド(組成式C)	黒鉛(組成式C)
構造	1個のC原子が，それぞれ4個のC原子と結合してできた正四面体形構造がくり返される。	1個のC原子が，それぞれ3個のC原子と結合して網目状の［⑧　　　］構造をつくり，これが層をなしている。
色	無色透明	黒色
硬さ	きわめて硬い[4]	やわらかく，はがれやすい
融点	高い	高い
電気	通さない	通す(1個の価電子が平面構造の中を動けるため)

[1] ポリエチレンは，ポリ袋などに利用されている。

[2] ポリエチレンテレフタラートは，合成繊維のポリエステルやペットボトルとして利用されている。

[3] ダイヤモンドと黒鉛は炭素の同素体である。(→ p.6)

[4] ダイヤモンドは最も硬い物質である。

c ケイ素と二酸化ケイ素

	ケイ素(組成式 Si)[1]	二酸化ケイ素(組成式 SiO_2)[2]
構造	ダイヤモンドと同じように Si 原子が結合し，正四面体形構造がくり返される。	Si 原子と O 原子の共有結合 Si–O が三次元的にくり返される。
色	灰色	無色透明
硬さ	硬くてもろい	硬い
融点	高い	高い
電気	通さない	通さない

※二酸化ケイ素は，天然には石英，水晶，けい砂などとして存在する。

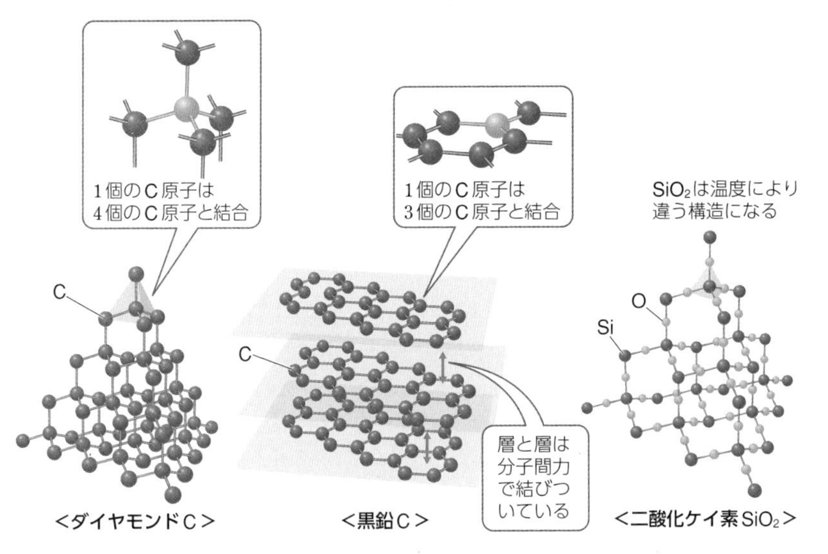

<ダイヤモンドC>　<黒鉛C>　<二酸化ケイ素 SiO_2>

❶ケイ素 Si は半導体(→p.30)の性質をもち，コンピュータなど電子機器の主要部品に使われている。

❷二酸化ケイ素は，ガラスの原料として用いられるほか，水晶は振動子として電子部品に用いられている。時計に書いてある Quartz(クォーツ)は水晶のこと。

7 金属結合と金属

A 金属結合と金属の性質

a 金属結合　① 金属原子は陽性が強く，価電子を放出して[① 　　　　]になりやすい。金属原子が集まってそれぞれの電子殻の一部が重なりあうと，価電子はすべての原子に共有され自由に移動できる。

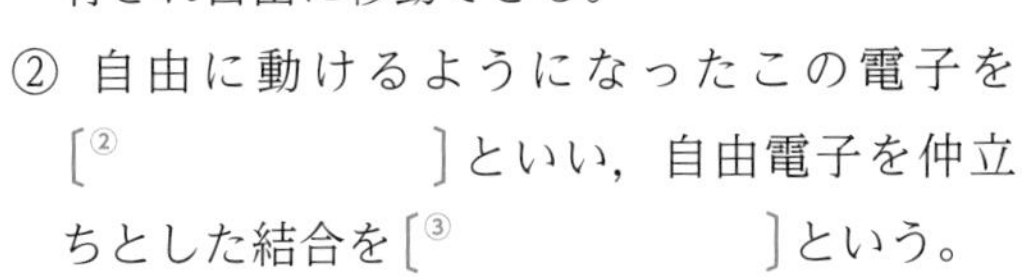

② 自由に動けるようになったこの電子を[② 　　　　]といい，自由電子を仲立ちとした結合を[③ 　　　　]という。

③ 金属を表す化学式は，[④ 　　　　]を用いる。

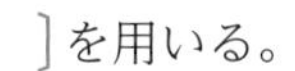

b 金属の性質　① 金属は，原子の位置がずれても自由電子が結晶全体を移動できるので，結合が切れない。そのため，薄く広げられる性質（〔①　　　〕）や，引き延ばされる性質（〔②　　　〕）がある。

② 金属は自由電子により光が反射されるため，特有の〔③　　　　　〕をもつ。

③ 金属では自由電子が金属中を移動するため電気をよく通し，〔④　　　〕とよばれる❶。また，金属は熱伝導性もよい。

❶電子などの電気を帯びた粒子が移動しないものは電気を通さず，**絶縁体**とよばれる。また，導体と絶縁体の中間的な性質のものを**半導体**といい，ケイ素やゲルマニウムなどがある。

c 金属の例

〔⑤　　　〕	灰白色の金属。湿った空気中で赤さびを生じる。 用途：鉄道のレール，使い捨てカイロ，ステンレス鋼(合金)など
〔⑥　　　〕	銀白色の軽くてやわらかい金属。空気中で酸化被膜を生じる。表面の緻密な酸化被膜が内部を保護するので，さびにくい。 用途：住宅用サッシ，ジュラルミン(航空機材料の合金)など
〔⑦　　　〕	赤色のやわらかい金属。湿った空気中で緑色の緑青(さび)を生じる。銀に次いで電気伝導性と熱伝導性が大きい。 用途：導線，黄銅(銅と亜鉛の合金)，青銅(銅とスズの合金)など
銀　Ag	銀白色の金属。電気伝導性・熱伝導性が金属中で最大。 用途：鏡，食器，装飾品など
金　Au	黄金色の金属。展性・延性が金属中で最大。化学的に非常に安定。 用途：装飾品，電子材料など
水銀　Hg	銀白色で，常温・常圧で液体である唯一の金属。強い毒性がある。水銀の合金をアマルガムという。 用途：蛍光灯など

d 合金　金属に他の元素を混合したものを〔⑧　　　〕という。合金には，単体の金属では得られない優れた特性がある。

参考　金属の結晶　発展

金属の結晶の結晶格子には次の3つがある。面心立方格子と〔⑨　　　〕最密構造は，原子を最も密に詰めこんだ構造(最密構造)である。

	〔⑩　　　〕格子	面心立方格子	六方最密構造
原子の配列	（立方体の中心，および各頂点に原子が配列） $\frac{1}{8}$個 1個	（立方体の各面の中心，および各頂点に原子が配列） $\frac{1}{8}$個 $\frac{1}{2}$個	（上から7個，3個，7個の配列がくり返される） $\frac{1}{2}$個 $\frac{1}{6}$個 あわせて1個 この部分が単位格子
単位格子中の原子の数	$\frac{1}{8}\times8+1\times1=2$ 頂点　中心	$\frac{1}{8}\times8+\frac{1}{2}\times6=4$ 頂点　面	$\left(\frac{1}{6}\times12+\frac{1}{2}\times2+1\times3\right)\div3=2$ 頂点　上下面　中間部
配位数	8	12	12
例	Na，Feなど	Al，Cu，Agなど	Mg，Znなど

8 化学結合と物質のまとめ

A 化学結合

金属結合，イオン結合，共有結合をまとめて[①　　　　　]という。

金属結合……金属元素の原子の価電子が自由電子となる。この自由電子によって原子どうしが結合する。

イオン結合…金属元素の原子が陽イオンになり，非金属元素の原子が陰イオンになって，静電気力で結合する。

共有結合……非金属元素の原子どうしが価電子の一部を出しあい，その電子を共有して結合する。

分子間力……分子どうしを結びつける弱い力(化学結合に含まれない)。

この章の基本事項を確認してみよう！

B 物質のまとめ

物質	金属の結晶	イオン結晶	共有結合の結晶	分子結晶
構成粒子	原子，自由電子	陽イオン，陰イオン	原子	分子
構成粒子間の結合	金属結合	イオン結合	共有結合	分子間力
例	銅 Cu，鉄 Fe	塩化ナトリウム NaCl	ダイヤモンド C 黒鉛 C	二酸化炭素 CO_2 水 H_2O
融点	高いものが多い (Hg は常温で液体)	高い	非常に高い	低いものが多い 昇華するものあり
電気伝導性	あり	なし (水溶液や液体はあり)	なし (黒鉛はあり)	なし
硬さ	展性，延性に富む	硬くてもろい	非常に硬い (黒鉛はやわらかい)	やわらかく， くだけやすい
化学式	組成式	組成式	組成式	分子式

C 化学式の種類

	説明	例(空欄には化学式を書け。)
分子式 (→ p.22)	① 分子を構成する元素と原子の数を示した式。 ② 分子からなる物質は[②　　　　]で表す。	アルゴン[③　　](単原子分子)，水素 H_2， 酸素[④　　]，塩素[⑤　　]，塩化水素[⑥　　]， メタン CH_4，エタノール C_2H_6O
組成式 (→ p.21)	① 物質を構成する成分元素の原子の数を，最も簡単な[⑦　　　　]で示した式。 ② 分子からできていない物質は[⑧　　　　]で表す。	金属元素の単体：鉄 Fe，銅[⑨　　] 共有結合の結晶：ダイヤモンド[⑩　　]， 二酸化ケイ素[⑪　　] イオン結合の物質：酸化銅(Ⅱ) CuO， 塩化カルシウム[⑫　　]
イオンを表す化学式 (→ p.15)	① イオンを構成する元素と原子の数，そして価数と[⑬　　　]を右肩に記した式。	カルシウムイオン Ca^{2+}， アンモニウムイオン[⑭　　]， 硫酸イオン[⑮　　]
構造式 (→ p.23)	共有電子対を[⑯　　　]で表し，原子間の結合のようすを表した式。	水素 H-H，水[⑰　　　]， 二酸化炭素[⑱　　　]

基礎ドリル

1. 分子式(➡ p.22)

次の物質の分子式を書け。

(1) 窒素

(2) 塩素

(3) 塩化水素

(4) 硫化水素

(5) 過酸化水素

(6) 二酸化窒素

(7) 硫酸

(8) リン酸

2. イオンを表す化学式(➡ p.15)

次のイオンの化学式を書け。

(1) ナトリウムイオン

(2) 亜鉛イオン

(3) マグネシウムイオン

(4) 銀イオン

(5) 鉄(Ⅲ)イオン

(6) 銅(Ⅱ)イオン

(7) バリウムイオン

(8) アンモニウムイオン

(9) フッ化物イオン

(10) 硫化物イオン

(11) 硫酸イオン

(12) 炭酸イオン

(13) 硝酸イオン

(14) 水酸化物イオン

(15) リン酸イオン

3. 組成式(➡ p.21)

次の物質の組成式を書け。

(1) ケイ素

(2) アルミニウム

(3) カリウム

(4) 鉛

(5) カルシウム

(6) 塩化カルシウム

(7) 塩化アンモニウム

(8) 塩化銀

(9) 酸化ナトリウム

(10) 酸化アルミニウム

(11) 酸化銅(Ⅱ)

(12) 酸化鉄(Ⅲ)

(13) 硫化亜鉛

(14) 硫化銅(Ⅱ)

(15) 炭酸カルシウム

(16) 炭酸ナトリウム

(17) 炭酸水素ナトリウム

(18) 硫酸銅(Ⅱ)

(19) 硫酸アルミニウム

(20) 硫酸アンモニウム

(21) 硫酸バリウム

(22) 硝酸カリウム

(23) 硝酸アンモニウム

(24) 硝酸銀

(25) 水酸化ナトリウム

(26) 水酸化カルシウム

(27) 水酸化アルミニウム

4. 電子配置(➡ p.13～15)

(➡ p.13～15)

次の原子やイオンの電子配置を例にならって書け。また，(1)は価電子の数を，(2)は同じ電子配置をもつ貴ガスの元素記号を答えよ。

(例) Ne

10+

価電子： 0個

(1) ① C

価電子：

② O

価電子：

③ Na

価電子：

④ Cl

価電子：

(2) ① Na^{+}

貴ガス：

② Mg^{2+}

貴ガス：

③ Cl^{-}

貴ガス：

④ S^{2-}

貴ガス：

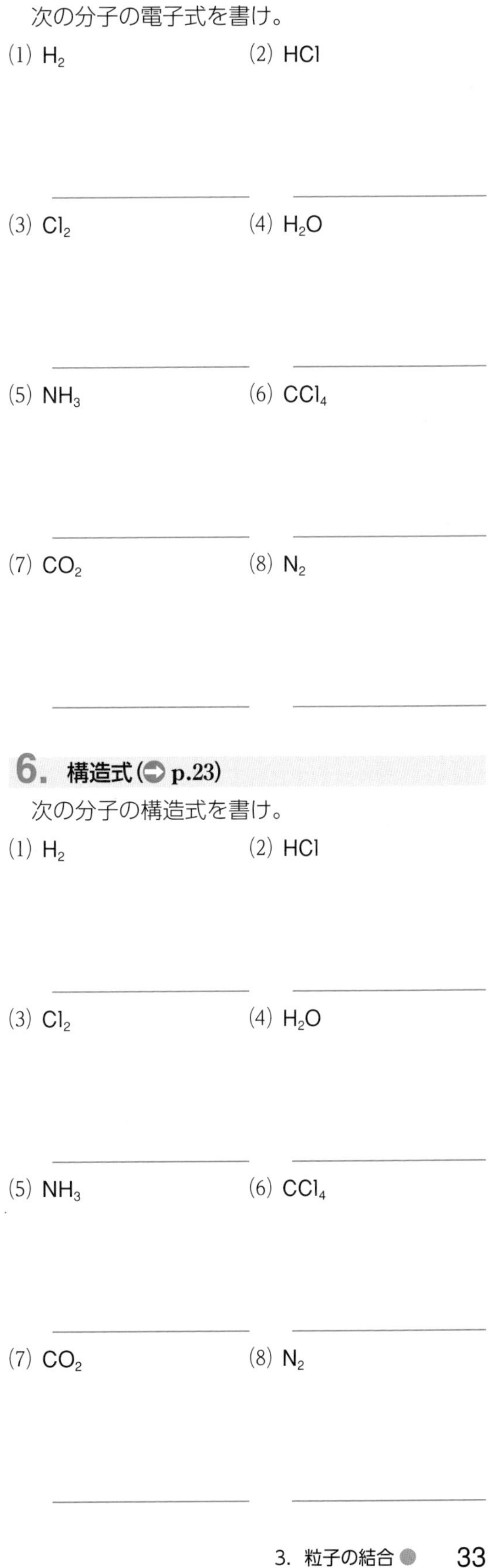

5. 電子式(➡ p.23)

次の分子の電子式を書け。

(1) H_2　　(2) HCl

(3) Cl_2　　(4) H_2O

(5) NH_3　　(6) CCl_4

(7) CO_2　　(8) N_2

6. 構造式(➡ p.23)

次の分子の構造式を書け。

(1) H_2　　(2) HCl

(3) Cl_2　　(4) H_2O

(5) NH_3　　(6) CCl_4

(7) CO_2　　(8) N_2

定期テスト対策問題

1 **イオン**　次の文中の(　)に適する記号，語句を入れ，下の問いに答えよ。

ナトリウム原子は，(ア)殻にある価電子1個を放出してナトリウムイオンになり，また塩素原子は(イ)殻に1個の電子を受け取って塩化物イオンになる。ナトリウムイオンは(ウ)原子と，塩化物イオンは(エ)原子と同じ安定な電子配置をもつ。ナトリウムイオンと塩化物イオンは，互いに引きあって結合を形成する。このようにしてできる結合を(オ)結合という。

(1) 下線部において，結合を形成する力は何か。

(2) 次の陽イオンと陰イオンを組み合わせて，陽イオンと陰イオンの数が 1：1 および 2：3 の比で結合している化合物の組成式をすべて書け。

アンモニウムイオン　カルシウムイオン　アルミニウムイオン

酸化物イオン　硝酸イオン

1

(ア)

(イ)

(ウ)

(エ)

(オ)

(1)

(2) (1：1)

(2：3)

2 **分子**　次の文中の(　)に適する語句を入れよ。

メタン CH_4 では，炭素原子と水素原子が互いに価電子を1個ずつ出して(ア)電子対をつくり結合している。このような結合は，(イ)とよばれる。一般に，(イ)は(ウ)元素の原子間での結合であり，その結合力は(エ)。

一方，水分子 H_2O に水素イオン H^+ が結合した(オ)イオン H_3O^+ では水分子中の酸素原子がもっていた(カ)電子対を H^+ に提供して，新しい結合を形成している。このような結合を(キ)という。

2

(ア)

(イ)

(ウ)

(エ)

(オ)

(カ)

(キ)

3 **金属**　次の文中の(　)に適する語句を入れよ。

金属の性質として，独特の光沢をもち，電気や(ア)をよく伝え，展性や(イ)に富んでいることがあげられる。金属原子は(ウ)エネルギーが小さいので，(エ)を放出して(オ)になりやすい。金属結合が共有結合と異なるのは，(エ)が特定の2つの原子間だけに共有されるのではなく，規則正しく配列している原子の間を動きまわって，すべての原子に共有されるという点にある。このような(エ)をとくに(カ)という。金属の性質はこの(カ)により説明できる。

金属結合は結合力が比較的強いので，ほとんどの金属の単体は常温で(キ)で，その融点は(ク)ものが多い。

3

(ア)

(イ)

(ウ)

(エ)

(オ)

(カ)

(キ)

(ク)

4 **共有結合**　次の(ア)～(ケ)の分子，イオンについて，下の問いに答えよ。

(ア) CH_4　(イ) NH_3　(ウ) CO_2　(エ) N_2　(オ) HCl
(カ) HF　(キ) H_2S　(ク) NH_4^+　(ケ) H_3O^+

(1) (ア)～(ケ)の分子，イオンのうち，(a)二重結合をもつもの，(b)三重結合をもつものはどれか。記号で答えよ。
(2) (ア)～(キ)の分子のうち，非共有電子対を最も多く含む分子はどれか。記号で答えよ。
(3) (ア)～(ケ)の分子，イオンのうち，その形が(a)正四面体形，(b)折れ線形，(c)三角錐形のものはどれか。当てはまるものすべてを記号で答えよ。
(4) 種類の異なる原子間の共有結合では，共有電子対は一方の原子にいくらか引きつけられる。結合において，原子が共有電子対を引きつける強さを示す尺度を何というか。
(5) (オ)と(カ)の分子について，分子内の結合を比較するとどちらの分子の結合がより強い極性をもつか。また，その理由を述べよ。
(6) (ア)～(キ)の分子のうち，異なる原子間の結合をもつ分子でありながら，無極性分子となるものをすべて選び，記号で答えよ。また，その理由を述べよ。

4
(1) (a)　(b)
(2)
(3) (a)　(b)
(c)
(4)
(5)
(理由)
(6)
(理由)

5 **電子配置**　次の電子配置をもつ5種類の原子(ア)～(オ)がある。

(ア)　(イ)　(ウ)　(エ)　(オ)

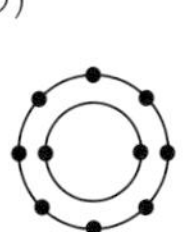

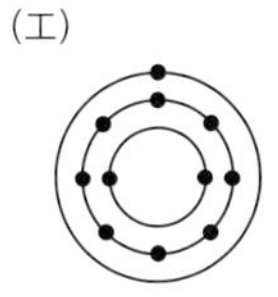

これらの原子に対応する元素は，それぞれ同じ記号(ア)～(オ)とする。次の問いに記号で答えよ。
(1) 周期表で同じ族に属する元素はどれとどれか。
(2) イオン結晶をつくる元素の組合せはどれとどれか。
(3) 単体が金属の結晶をつくるものはどれか。
(4) 分子からなる化合物をつくるものはどれとどれか。
(5) 単体が共有結合の結晶をつくるものはどれか。

5
(1)　(2)
(3)　(4)
(5)

6 **さまざまな結晶**　(1)～(5)の物質の結晶について，はたらいている力または結合の種類で当てはまるものをすべて選び，記号で答えよ。

(1) Ag　(2) I_2　(3) SiO_2　(4) NH_4Cl
(ア) イオン結合　(イ) 共有結合　(ウ) 配位結合
(エ) 金属結合　(オ) 分子間力

6
(1)　(2)
(3)　(4)

まとめノート

グレーの文字をなぞって完成させよう！
色分けをして自分なりにまとめてみよう！

1. 同素体

同素体は， S C O P
　　　　　ス コッ プ

同じ元素からできている
単体どうしが同素体！

思いつく同素体を書いてみよう！

S：斜方硫黄，単斜硫黄，ゴム状硫黄

C：黒鉛，ダイヤモンド，フラーレン

O：酸素，オゾン

P：赤リン，黄リン

2. 炎色反応

リアカー　無き　K村

Liは赤　　Naは黄　Kは（赤）紫

ここまでは必ず
覚えよう！！

3. 周期表と価電子の数・最外殻電子の数・イオン

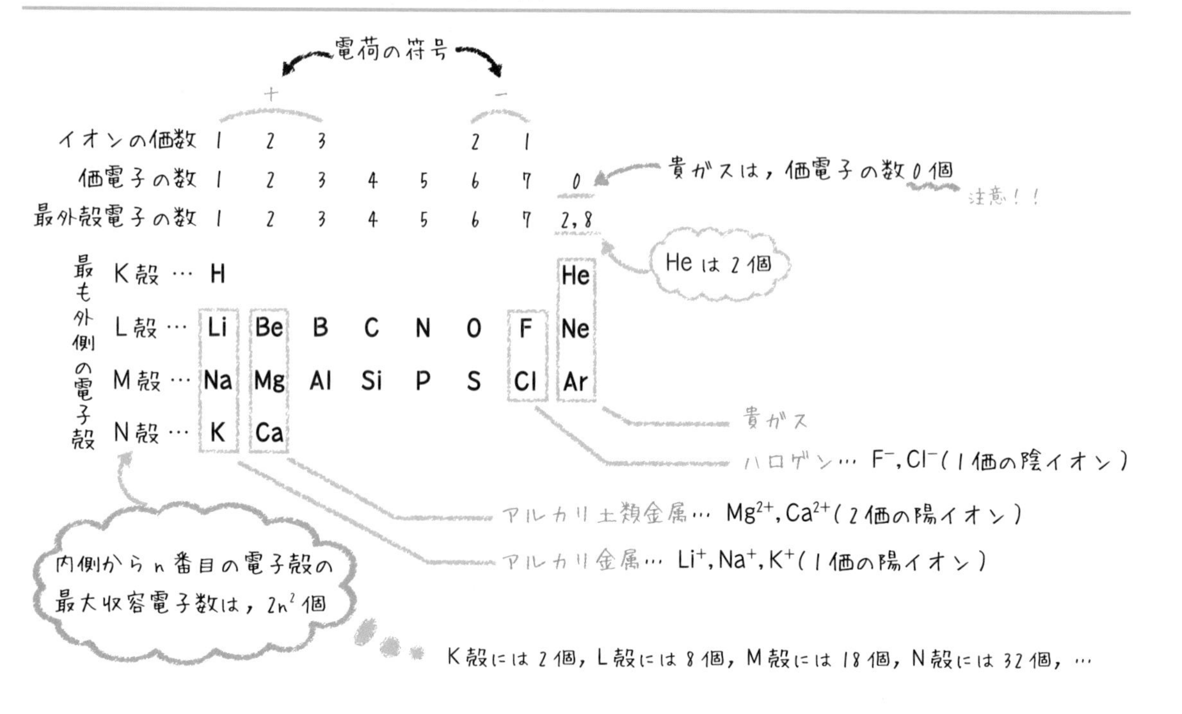

まとめ方の例を
見てみよう！

4. イオン化エネルギー・電子親和力・電気陰性度

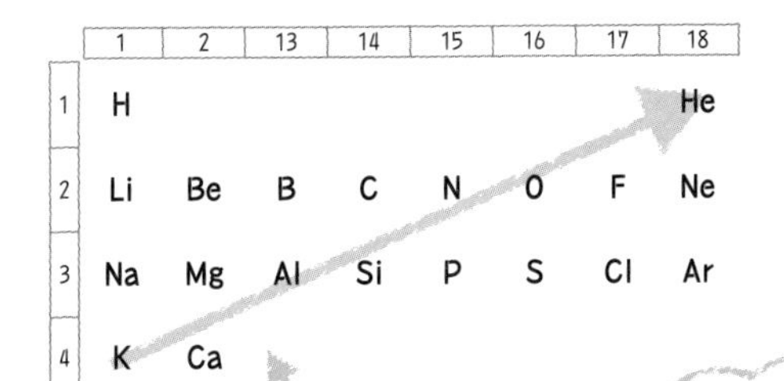

イオン化エネルギー（最大；He）
電子親和力（最大；Cl）
電気陰性度（最大；F）

ちがいを
おさえよう！！

ちがうところもあるけど，
周期表で右上にいくほど大きい！

5. 化学結合

周期表でHを除いて
左上から階段状！！

金属元素ー金属元素 … 金属結合
金属元素ー非金属元素 … イオン結合
非金属元素ー非金属元素 … 共有結合

Na Cl … イオン結合
金属 非金属

H Cl … 共有結合
非金属 非金属

6. 電子式・構造式

	電子式	構造式	分子のおよその形
CO_2 →	$\ddot{\text{O}}::\text{C}::\ddot{\text{O}}$ →	O＝C＝O	直線形

非共有電子対
共有電子対
二重結合

電子を共有して
原子のまわりの電子が8個に！
オクテット

共有電子対 •• を
線 ━ で表す！

■■■ チャレンジ問題

1. 次の(ア)~(オ)は，原子あるいはイオンの電子配置の模式図である。以下の問いに答えよ。

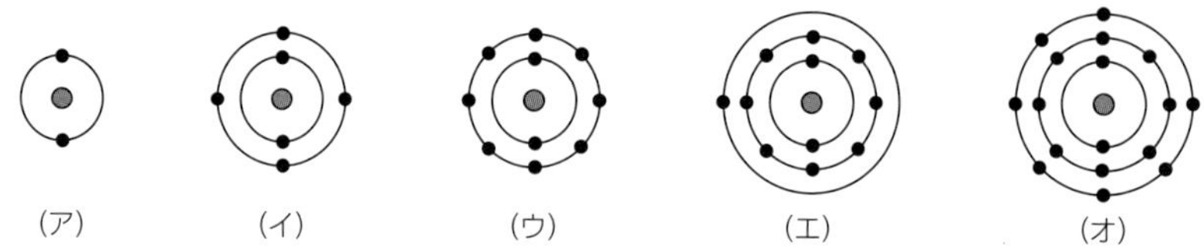

●は原子核，•は電子

(1) (イ)の電子配置をもつ原子として最も適当なものを，次の①~⑥のうちから1つ選べ。

① Be　② C　③ O　④ Al　⑤ Si　⑥ S

(2) 3価の陽イオンが(ウ)の電子配置をもつ原子として最も適当なものを，次の①~⑥のうちから1つ選べ。

① B　② N　③ O　④ Na　⑤ Mg　⑥ Al

(3) (ア)の電子配置をもつ1価の陽イオンと，(ウ)の電子配置をもつ1価の陰イオンからなる化合物として最も適当なものを，次の①~⑥のうちから1つ選べ。

① HF　② HCl　③ LiF　④ LiCl　⑤ NaF　⑥ NaCl

(4) (ア)~(オ)の電子配置をもつ原子の性質に関する記述として誤りを含むものを，次の①~⑤のうちから1つ選べ。

① (ア)の電子配置をもつ原子は，他の原子と結合をつくりにくい。
② (イ)の電子配置をもつ原子は，他の原子と結合をつくる際，単結合だけでなく二重結合や三重結合もつくることができる。
③ (ウ)の電子をもつ原子は，常温・常圧で気体として存在する。
④ (エ)の電子配置をもつ原子は，(オ)の電子配置をもつ原子と比べてイオン化エネルギーが大きい。
⑤ (オ)の電子配置をもつ原子は，水素原子と共有結合をつくることができる。

1	(1)		(2)		(3)		(4)	

2. 次の文章を読み，以下の問いに答えよ。

水は，私たちの生活に深いかかわりをもつ物質の一つであり，水素原子と酸素原子とが(ア)してできた分子である。水素原子と酸素原子の(イ)の差が大きく，また，水は(ウ)形をしているため，分子全体として水は強い極性をもつ分子となる。このため，水の分子は分子間で(エ)を形成し，その結果，異常に高い融点，沸点を示すようになる。

(1) (ア)および(エ)に入る語句の組合せとして最も適当なものを，次の①～⑥のうちから1つ選べ。

	(ア)	(エ)		(ア)	(エ)
①	イオン結合	配位結合	④	共有結合	水素結合
②	イオン結合	水素結合	⑤	金属結合	配位結合
③	共有結合	配位結合	⑥	金属結合	水素結合

(2) (イ)に入る語句として最も適当なものを，次の①～⑥のうちから1つ選べ。

① イオン化エネルギー　② 電子親和力　③ 電気陰性度
④ ファンデルワールス力　⑤ 分子間力　⑥ 周期律

(3) (ウ)に入る語句として最も適当なものを，次の①～⑤のうちから1つ選べ。

① 直線　② 折れ線　③ 正三角　④ 三角錐　⑤ 正四面体

(4) 分子の形と分子の極性の組合せについて誤りを含むものを，次の①～⑤のうちから1つ選べ。

	分子の形	分子の極性
① 水素	直線形	無
② アンモニア	三角錐形	有
③ メタン	正四面体形	無
④ 二酸化炭素	直線形	無
⑤ 塩化水素	直線形	無

(5) イオン結合によって形成されていない物質を，次の①～⑤のうちから1つ選べ。

① 塩化水素　② 塩化カルシウム　③ 塩化ナトリウム
④ 水酸化ナトリウム　⑤ 水酸化カルシウム

(6) 非共有電子対の数が最も多い分子を，次の①～④のうちから1つ選べ。

① 水素　② 塩素　③ 窒素　④ アンモニア

2	(1)		(2)		(3)		(4)		(5)		(6)	

4 物質量と化学反応式

① 原子量・分子量・式量について学び，物質量(mol)を理解しよう。
② 溶液の濃度の表し方について学ぼう。
③ 化学反応式を書けるようになろう。また，その意味についても理解しよう。

1 原子量・分子量・式量

➡基礎ドリル 1, 2 (p.51)

A 原子の相対質量と原子量

a 原子の相対質量　原子には質量があるが，その値は非常に［①　　　　］く[1] 扱いにくいので，$^{12}_{6}C$ 原子1個の質量を［②　　　　］として，これを基準にした相対質量で表す。

b 原子量　① 多くの元素には［③　　　　］が存在し，その存在比はほぼ一定。

② 同位体の相対質量と存在比から求められる，元素ごとの相対質量の平均値が元素の［④　　　　］である[2]。

例 同位体の相対質量と存在比(原子数百分率)

元素	同位体	相対質量	存在比
炭素	$^{12}_{6}C$	**12**(基準)	98.93
	$^{13}_{6}C$	13.003	1.07
塩素	$^{35}_{17}Cl$	34.969	75.76
	$^{37}_{17}Cl$	36.966	24.24

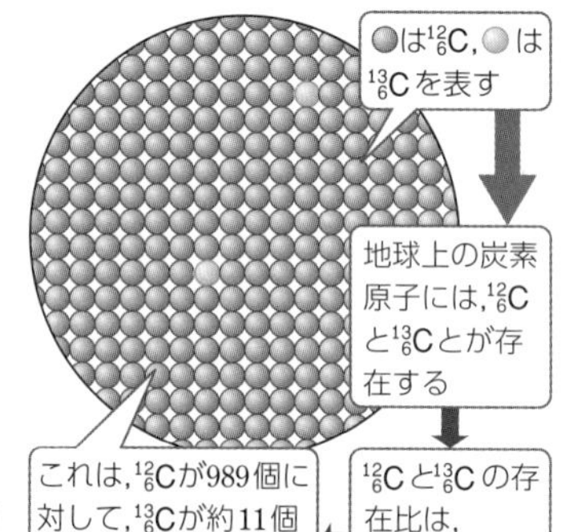

$^{12}_{6}C$の相対質量：12(基準)
$^{13}_{6}C$の相対質量：13.003
同位体の相対質量の平均値＝原子量
ゆえに，

$$\text{炭素の原子量}^{[3]} = \frac{12 \times 989 + 13.003 \times 11}{989 + 11} = 12.01$$

$$\text{炭素の原子量} = 12 \times \frac{[⑤\quad]}{100} + [⑥\quad] \times \frac{[⑦\quad]}{100}$$

$$\fallingdotseq [⑧\quad](4\text{桁})$$

$$\text{塩素の原子量} = [⑨\quad] \times \frac{[⑩\quad]}{100} + [⑪\quad] \times \frac{[⑫\quad]}{100}$$

$$\fallingdotseq [⑬\quad](4\text{桁})$$

B 分子量・式量

➡基礎ドリル 3, 4 (p.51, 52)

分子量	式量
① $^{12}_{6}C$ ＝［⑭　　　］を基準にした分子の相対質量。 ② 分子式中の原子の［⑮　　　］の総和。 例 アンモニア NH_3 の分子量 (N の原子量)＋(H の原子量)×3 ＝［⑯　　］＋［⑰　　］×3 ＝［⑱　　］	① イオンやイオンからなる物質，金属などの相対質量。 ② 化学式に含まれる元素の［⑲　　　］の総和。 例 硫酸イオン SO_4^{2-} の式量 (S の原子量)＋(O の原子量)×4 ＝［⑳　　］＋［㉑　　］×4 ＝［㉒　　］

[1] 水素原子1個の質量は 0.16735×10^{-23} g，炭素原子1個の質量は 1.9926×10^{-23} g である。

[2] 原子量は相対質量の平均値であるから，単位はない。

[3] 詳しい炭素の原子量は左の本文中のようにして求められる。

※計算には下の原子量の値を用いること。

原子量　H＝1.0，C＝12，N＝14，O＝16，S＝32

2 物質量

A 物質量とアボガドロ定数

a 物質量　原子・分子・イオンという非常に小さな粒子を相手にする化学の世界では，物質の量を粒子の数で表すと，とても大きな数となって扱いにくい。そこで，物質の量を物質量(単位記号は［①　　　］)で表す。1mol に含まれる粒子の数は［②　　　　　　］個である。6.02×10^{23} 個❶を1つの単位として1mol とよぶのは，12個を1ダースとよぶのと似ている。
↑3桁で書け。

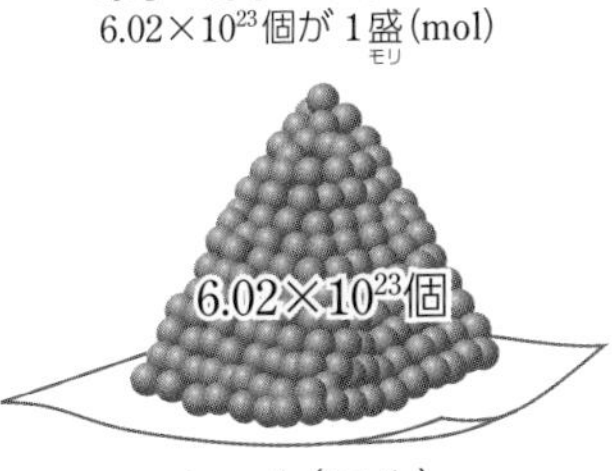

❶正確な値は 6.02214076×10^{23} である。

b アボガドロ定数　物質1mol 当たりの粒子の数 6.02×10^{23}/mol を［③　　　　　　］といい，N_A で表す($N_A=6.02\times10^{23}$/mol)。
したがって，粒子の数をアボガドロ定数で割れば，物質量が求められる。

$$物質量〔mol〕=\frac{粒子の数}{［④　　　　］/mol}$$
…原子・分子・イオンなどの数
…アボガドロ定数 N_A

例 $N_A=6.0\times10^{23}$/mol として次の問いに答えよ。

(a) 炭素原子 3.0×10^{23} 個は［⑤　　　　］mol である。

(b) 鉄原子 1.5mol は［⑥　　　　］個である。

(c) 水分子❷ 2.0mol は水分子［⑦　　　　］個で，その中に
・水素原子が［⑧　　　　］個すなわち［⑨　　　］mol
・酸素原子が［⑩　　　　］個すなわち［⑪　　　］mol
が含まれる。

(d) 塩化カルシウム $CaCl_2$ 0.50mol の中には，
・カルシウムイオンが［⑫　　　］mol
・塩化物イオンが［⑬　　　］mol
含まれており，
イオンの総数は［⑭　　　　］個である。

❷水分子 H_2O 1個は水素原子2個と酸素原子1個からできている。

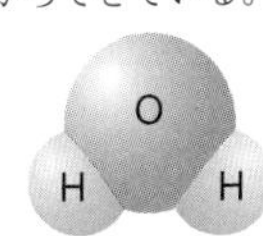

B 物質量と質量

➡基礎ドリル5(p.52)
➡例題1(p.55)

a 物質量と質量　物質を構成する粒子の数を測定するのは容易ではないが，質量ならてんびんで簡単に測定できる。したがって，物質量〔mol〕は質量と結びつけて考えることが大切である。原子量・分子量・式量は，それらの数値に g をつけた値が，その1mol になる。

例 (a) アルミニウム Al：原子量27，1mol の質量は27g

(b) メタン CH_4：分子量16，1mol の質量は16g

(c) 硫酸 H_2SO_4：分子量98，1mol の質量は98g

(d) 塩化ナトリウム NaCl：式量58.5，1mol の質量は58.5g

(e) カリウムイオン K^+：式量39，1mol の質量は39g

b モル質量　物質を構成する粒子 1mol 当たりの質量を〔①　　　　　　〕といい，その単位は g/mol である❶。

例 (a) Na(原子量 23)のモル質量は〔②　　　〕g/mol である。

(b) CO_2(分子量 44)のモル質量は〔③　　　〕g/mol である。

(c) NH_4Cl(式量 53.5)のモル質量は〔④　　　〕g/mol である。

(d) S^{2-}(式量 32)のモル質量は〔⑤　　　〕g/mol である。

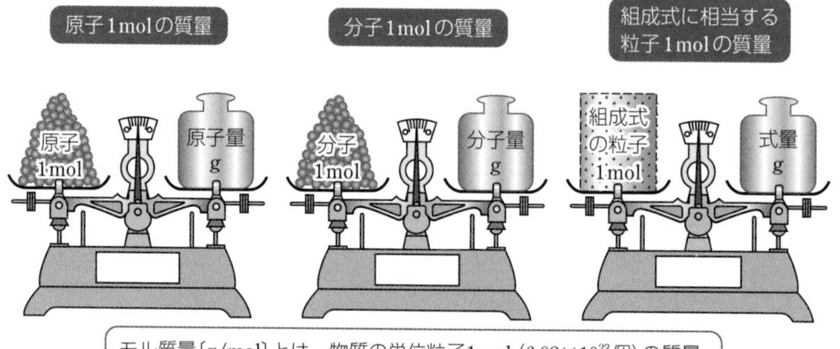

モル質量〔g/mol〕とは，物質の単位粒子1mol (6.02×10^{23}個) の質量

したがって，原子・分子・イオンなどの質量〔g〕をそのモル質量で割れば，物質量が求められる❷。

$$物質量〔mol〕=\frac{質量〔g〕}{〔⑥　　　〕〔g/mol〕}$$

…原子・分子・イオンなどの質量
…1mol 当たりの質量

❶① 原子のモル質量
：原子量 g/mol
② 分子のモル質量
：分子量 g/mol
③ 組成式に相当する粒子のモル質量
：式量 g/mol

❷モル質量と物質量，質量の関係
モル質量〔g/mol〕×物質量〔mol〕＝質量〔g〕
$\frac{質量〔g〕}{モル質量〔g/mol〕}$＝物質量〔mol〕

C 物質量と気体の体積

a アボガドロの法則❸　同温・同圧のもとで，同体積の気体中には，気体の種類に関係なく，〔⑦　　　〕の分子が含まれている。

b 気体分子 1mol の体積　気体分子 1mol(〔⑧　　　　　　〕個)の占める体積は，気体の種類に関係なく，標準状態❹(0℃，1.013×10^5 Pa＝1atm)では〔⑨　　　〕L である。

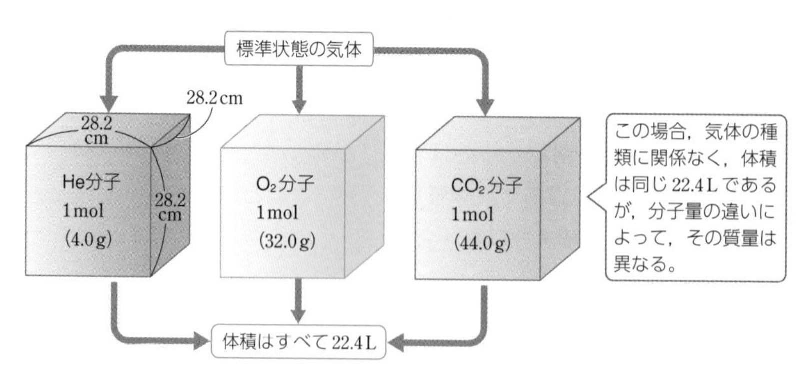

➡基礎ドリル 5(p.52)
➡例題 2, 3(p.55, 56)

❸1811 年にイタリアのアボガドロが分子説(→ p.50)を発表した。

❹本書では 0℃，1.013×10^5 Pa の状態を標準状態とよぶ。

c **モル体積**　物質1mol当たりの体積を〔①　　　　　〕といい，その単位はL/molである。標準状態での気体のモル体積は，気体の種類に関係なく〔②　　　　〕L/molである。したがって，標準状態での気体の体積〔L〕をモル体積で割れば，物質量が求められる。

$$\text{物質量〔mol〕} = \frac{\text{気体の体積〔L〕}}{22.4\,\text{L/mol}}$$

……標準状態での体積（分子）
……モル体積（分母）

d **気体の密度**　気体の密度は気体1L当たりの質量〔g〕で表す。

$$\underset{\text{(標準状態)}}{\text{気体の密度〔g/L〕}} = \frac{\text{質量〔g〕}}{\text{体積〔L〕}} = \frac{\text{モル質量〔g/mol〕}}{22.4\,\text{L/mol}}$$

……1mol当たりの質量（分子）
……モル体積（分母）

例　標準状態のアンモニアの密度は0.760g/Lである。

NH_3のモル質量＝0.760g/L×〔③　　　〕L/mol≒〔④　　　〕g/mol

したがって，アンモニアの分子量：〔⑤　　　　　〕

e **空気1molの体積と質量**　空気のような混合気体でも，標準状態で体積が〔⑥　　　〕L中には6.02×10^{23}個(つまり1mol)の分子が含まれている。空気を窒素と酸素の体積比が〔⑦　　　〕の混合気体であると考えると，標準状態で22.4L(1mol)の空気中の

O_2の物質量は〔⑧　　　〕mol

　その質量は32.0g/mol×〔⑨　　　〕mol＝〔⑩　　　〕g

N_2の物質量は〔⑪　　　〕mol

　その質量は28.0g/mol×〔⑫　　　〕mol＝〔⑬　　　〕g

　このことから，空気1mol当たりの質量は〔⑭　　　〕g

　これは空気を分子量28.8の気体として扱っているともいえる❶。

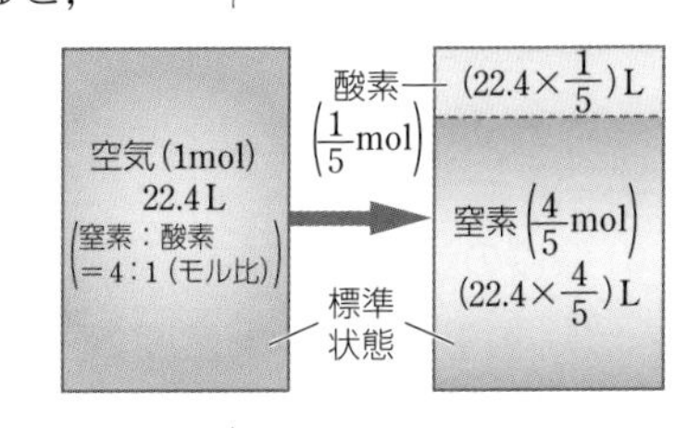

❶この28.8という値は空気の見かけの分子量，または平均分子量とよばれる。

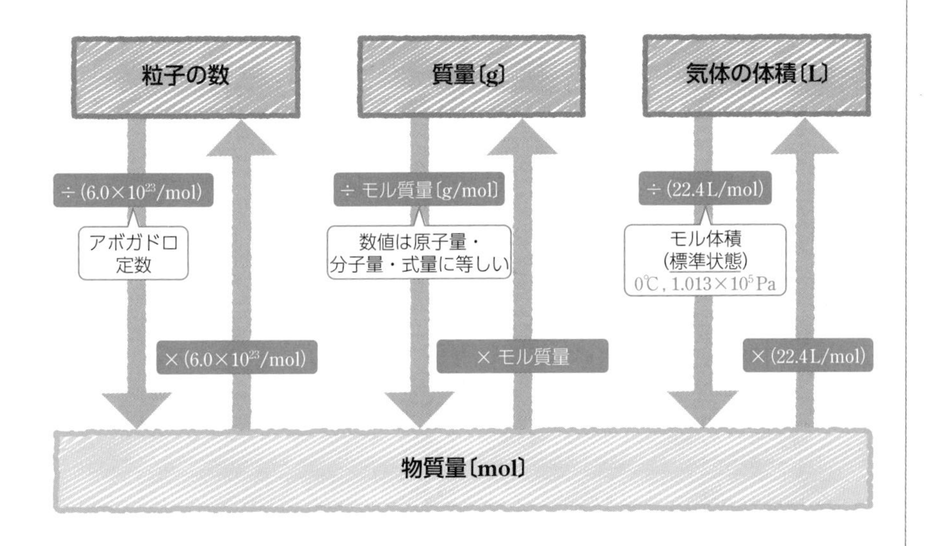

3 溶液の濃度

A 溶液の濃度

a 溶解　グルコースのような分子結晶や塩化ナトリウムのようなイオン結晶を水の中に入れると，分子やイオンは溶けて水の中に入りこみ，均一な液体になる。このような現象を［①　　　］という。

このとき，生じた均一な液体を［②　　　］といい，水のように他の物質を溶かす液体を［③　　　］，グルコースや塩化ナトリウムのように溶媒に溶ける物質を［④　　　］という。

b 濃度　溶液中に溶質がどのくらいの割合で溶けているかを示す量を［⑤　　　］という。このうち，溶液の質量に対する溶質の質量の割合をパーセント(%)で表した濃度を［⑥　　　　　　］という。
また，溶液1L当たりに溶けている溶質の量を物質量で表した濃度を［⑦　　　　］という。

➡基礎ドリル 6, 7 (p.53)
➡例題 4 (p.56)

濃度	記号	計算式❶
質量パーセント濃度	%	質量パーセント濃度 $=\dfrac{溶質の質量〔g〕}{溶液の質量〔g〕}\times 100$
モル濃度	mol/L	モル濃度〔mol/L〕$=\dfrac{溶質の物質量〔mol〕}{溶液の体積〔L〕}$

❶いずれの濃度(C)も「何か(A)」を「何か(B)」で割った値になっている。
$\dfrac{A}{B}=C$
モル濃度〔mol/L〕の場合，その「単位」に注目すれば，物質量〔mol〕を体積〔L〕で割ったものであることがわかる。

c 濃度の計算

(1) **質量パーセント濃度**

溶媒の質量 W〔g〕
溶質の質量 w〔g〕 ├の溶液の質量パーセント濃度：［⑧　　　］× 100(%)

(2) **モル濃度**

① 体積 V〔L〕の溶液中に溶質 n〔mol〕が溶けている溶液のモル濃度 c〔mol/L〕は，
$c = n$〔mol〕$\div V$〔L〕
$=$［⑨　　　］〔mol/L〕

② モル濃度 c〔mol/L〕の溶液 V〔L〕中に溶けている溶質の物質量 n〔mol〕は，
$n = c$〔mol/L〕$\times V$〔L〕
$=$［⑩　　　］〔mol〕

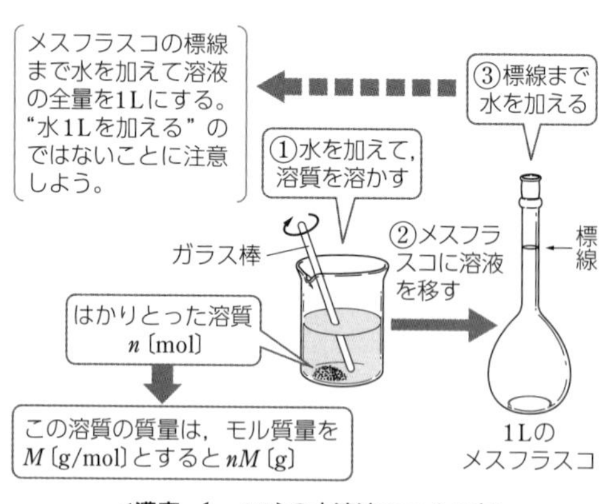

<濃度 n〔mol/L〕の水溶液のつくり方>

d 濃度の換算　① 質量パーセント濃度 → モル濃度

溶質のモル質量 M〔g/mol〕
溶液の質量パーセント濃度 a(%)
溶液の密度 d〔g/cm^3〕❶
→ 溶液のモル濃度❷ c =〔①　　〕〔mol/L〕

② モル濃度 → 質量パーセント濃度

溶質のモル質量 M〔g/mol〕
溶液のモル濃度 c〔mol/L〕
溶液の密度 d〔g/cm^3〕
→ 溶液の質量パーセント濃度❸ a =〔②　　〕(%)

溶液の密度 d〔g/cm^3〕と溶質のモル質量 M〔g/mol〕(分子量 M)がわかれば，濃度は互いに変換できる。

❶ 1 L = 1000 mL = 1000 cm^3

❷ 溶液 1 L の質量 = 1000d〔g〕
溶液 1 L 中の溶質の質量
$= \dfrac{1000d \times a}{100} = 10ad$〔g〕

❸ 溶液 1 L の質量 = 1000d〔g〕
溶液 1 L 中の溶質の質量 = cM〔g〕

参考　溶解度

一定量の溶媒に溶質を溶かしていくと，ある量以上は溶質が溶けずに残るようになる。このような状態の溶液を〔③　　　　〕という。飽和溶液中に溶けている溶質の量を，その溶媒に対する溶質の〔④　　　　〕という。

溶解度曲線　① 温度と溶解度の関係を示したグラフを溶解度曲線という(図 1)。

② 固体の溶解度は，ふつう温度が高くなると大きくなる。

(塩化ナトリウムのように温度が高くなっても溶解度があまり変わらない物質や，水酸化カルシウムのように温度が高くなるほど溶解度が小さくなる物質もある。気体の水への溶解度は，温度が高くなると小さくなる。)

再結晶　固体物質の不純物を除く(精製)には，次の例に示す再結晶がよく利用される。再結晶は，温度による溶解度の差を利用したものである。

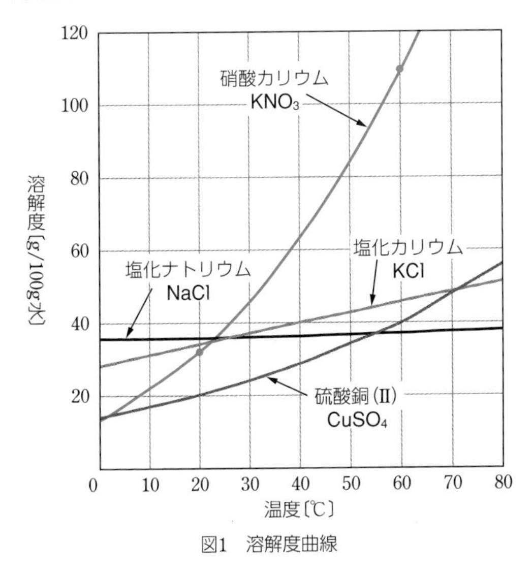

図1　溶解度曲線

例　硝酸カリウムの再結晶(図 2)

硝酸カリウム 109 g + 不純物(塩化ナトリウム 5 g)

↓水 100 g を加えて〔⑤　　〕℃以上に加熱すると，混合物は全部熱水に溶ける。

↓水溶液を冷却して〔⑥　　〕℃以下にすると，〔⑦　　　　〕の結晶が析出し始める。

↓さらに冷却して 20℃にすると，硝酸カリウムの結晶が〔⑧　　〕g 析出する。塩化ナトリウムは〔⑨　　　　〕。

↓〔⑩　　〕により析出した結晶を集め，少量の冷水で洗う。

純粋な〔⑪　　　　〕の結晶が得られる。

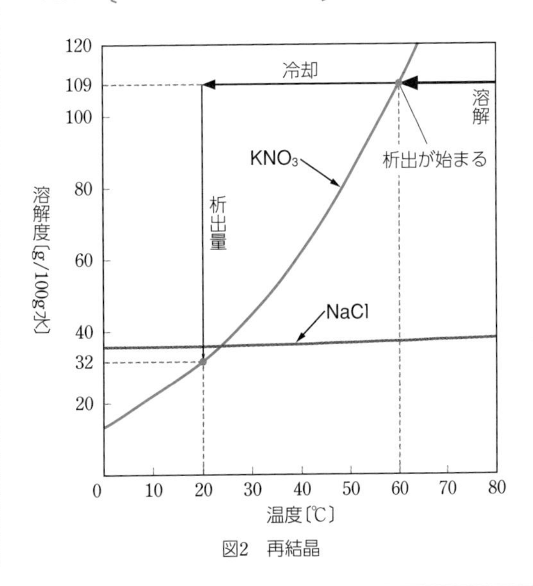

図2　再結晶

4 化学反応式と物質量

A 化学反応式

➡基礎ドリル 8, 9 (p.54)

a 化学変化と物理変化 化学変化(または化学反応)は，ある物質が別の物質になる変化のことで，このとき反応する物質を〔①　　　〕，反応してできる物質を〔②　　　〕という。

化学変化を〔③　　　〕を用いて表した式が〔④　　　〕である。

例 過酸化水素が分解して水と酸素を生じた❶ときの反応

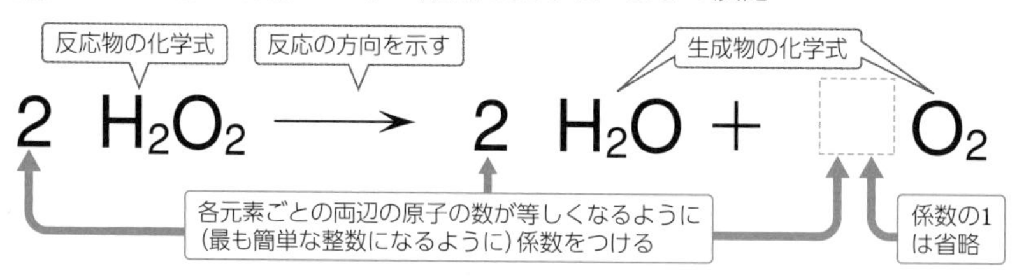

> **化学反応式の原則**
> 左辺の原子の種類とその数＝右辺の原子の種類とその数

化学変化に対して，物質そのものは変化しないが，物質の形状の変化や融解・蒸発などの状態変化のことを〔⑤　　　〕という。

❶この反応には，反応を速く進ませるために酸化マンガン(Ⅳ)（二酸化マンガン）MnO_2 が用いられるが，MnO_2 自身は反応の前後で変化しないため，反応式中には書かない。MnO_2 のようなはたらきを示す物質を**触媒**という。

b 化学反応式のつくり方

(1) エタン C_2H_6 を完全燃焼させたときの反応

① エタンの完全燃焼とは，エタンが酸素と反応して二酸化炭素と水ができる反応のことである。そこで，まず〔⑥　　　〕であるエタンと酸素を左辺に，〔⑦　　　〕である二酸化炭素と水を右辺に，それぞれ化学式で書き，矢印(⟶)で結ぶ。

$C_2H_6 + O_2 \longrightarrow CO_2 + H_2O$

② 化学式中の原子の数が多い物質(ここでは C_2H_6)の係数を 1 として❷，左右両辺の元素ごとの原子の数が等しくなるように，化学式の前に係数をつける❸。

C_2H_6 +〔⑧　　　〕O_2 ⟶〔⑨　　　〕CO_2 +〔⑩　　　〕H_2O

③ 係数は最も簡単な整数比でなければならないので，全体を 2 倍する。

$2C_2H_6 + 7O_2 \longrightarrow 4CO_2 + 6H_2O$

(2) プロパン C_3H_8 を完全燃焼させたときの反応

① プロパンと酸素が反応して二酸化炭素と水ができる。

$C_3H_8 + O_2 \longrightarrow CO_2 + H_2O$

② プロパンの係数を 1 として左右両辺の原子の数を合わせる❹。

C_3H_8 +〔⑪　　　〕O_2 ⟶〔⑫　　　〕CO_2 +〔⑬　　　〕H_2O

(3) メタノール CH_4O❺を完全燃焼させたときの反応

① メタノールと酸素が反応して二酸化炭素と水ができる。

CH_4O +〔⑭　　　〕⟶〔⑮　　　〕+〔⑯　　　〕

❷係数の 1 は反応式には書かない。

❸C，H，O の順に調べていくと簡単に係数がみつかる。

❹C，H，O の順に原子の数を合わせるとよい。

❺CH_3OH と書くこともある。

② メタノールの係数を1として左右両辺の原子の数を合わせる❶。

CH_4O + [①　　　] ⟶ [②　　　] + [③　　　]

③ 全体を2倍して整数の係数とする。

$2CH_4O$ + [④　　　] ⟶ [⑤　　　] + [⑥　　　]

(4) 炭酸水素ナトリウム $NaHCO_3$ を強く熱したときの反応

① 炭酸水素ナトリウムが熱分解して炭酸ナトリウムと二酸化炭素と水ができる。

$NaHCO_3$ ⟶ [⑦　　　] + [⑧　　　] + [⑨　　　]

② 炭酸ナトリウムの係数を1として左右両辺の原子の数を合わせる❷。

[⑩　　] $NaHCO_3$ ⟶ [⑪　　　] + [⑫　　　] + [⑬　　　]

(5) アルミニウムを塩酸に溶かしたときの反応

① アルミニウムが塩酸(塩化水素)と反応して塩化アルミニウムと水素ができる。

Al + [⑭　　　] ⟶ [⑮　　　] + [⑯　　　]

② 塩化アルミニウムの係数を1として左右両辺の原子の数を合わせる❸。

Al + [⑰　　　] ⟶ [⑱　　　] + [⑲　　　]

③ 全体を2倍して整数の係数とする。

2Al + [⑳　　　] ⟶ [㉑　　　] + [㉒　　　]

c 未定係数法　反応によってはこれまでの方法(前項b)では係数が決まらないことがある。その場合は未定係数法で係数を求めることができる❹。

例 銅に希硝酸を作用させたときの反応

$a\,Cu + b\,HNO_3 \longrightarrow c\,Cu(NO_3)_2 + d\,NO + e\,H_2O$

化学式の係数を $a \sim e$ として，各元素の原子の数が左右両辺で等しいことを等式で表す。

Cu について……a = [㉓　　　]　H について……b = [㉔　　　]

N について……b = [㉕　　　]

O について……$3b$ = [㉖　　　]

$a=1$ とおくと，b = [㉗　　　]，c = [㉘　　　]，

d = [㉙　　　]，e = [㉚　　　] になる。

全体を3倍すれば，化学反応式が完成する。

3Cu + [㉛　　] HNO_3

⟶ $3Cu(NO_3)_2$ + [㉜　　] NO + [㉝　　] H_2O

❶メタノール CH_4O の中にもOが1個あることに注意する。

❷Na，C，H，Oの順に原子の数を合わせるとよい。$NaHCO_3$ の係数を1としてスタートしてもよい。ただし，分数の計算がややこしくなる。

❸Al，Cl，Hの順に原子の数を合わせるとよい。

❹ただし，計算はかなり面倒であるため，あまり多用しないほうがよい。

B イオンを含む反応式

a イオン反応式　イオンが関係する反応では，実際に反応または生成したイオンに関係する部分を抜き出して化学変化を表すことがある。このような反応式を［①　　　　　　　　　］という。

b イオンを含む反応式のつくり方

例 硝酸銀水溶液に塩化ナトリウム水溶液を加えたときの反応

（化学反応式）　$AgNO_3 + NaCl \longrightarrow AgCl + NaNO_3$

$AgNO_3$ ⇓ Ag^+，NO_3^-　　$NaCl$ ⇓ Na^+，Cl^-　　$NaNO_3$ ⇓ Na^+，NO_3^-

塩化銀 AgCl は水に溶けず白色の沈殿となるが，その他の塩は水溶液中では成分イオンに電離している。すなわち，［②　　　　］と［③　　　　］は反応の前後で変化していない。したがって，変化(反応)した部分だけを書くと，次のようになる。

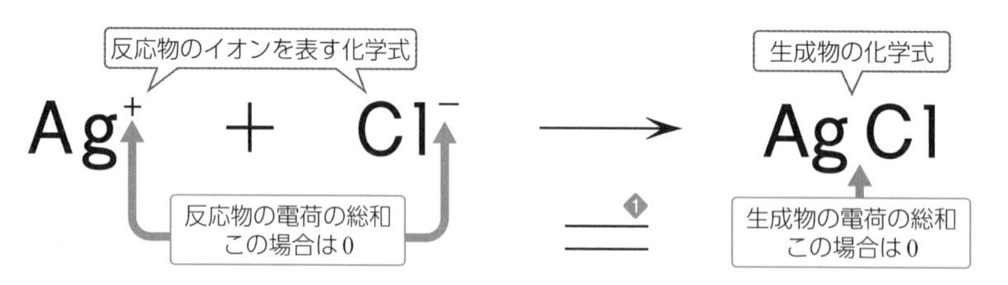

> **イオンを含む反応式の原則**　※化学反応式の原則(①)に②が追加される。
> ① 左辺の原子の種類とその数＝右辺の原子の種類とその数
> ② 左辺の電荷の総和＝右辺の電荷の総和
> (イオンの電荷の＋や－も忘れないようにすること)

❶イオンを含む反応式では，左辺の電荷の総和と右辺の電荷の総和が等しくなる。

C 化学反応式が表す量的関係

➡例題 5, 6 (p.57)

a 係数が表す意味　化学反応式の係数の比は，反応物と生成物の物質量の比と等しい❷。これを利用すれば，物質量以外の質量や気体の体積など，さまざまな量に関しても物質どうしの関係を知ることができる。

❷係数の比は粒子の数の比であるので，物質量の比でもある。

例 メタンを完全燃焼させたときの反応

（化学反応式）　$CH_4 + 2O_2 \longrightarrow CO_2 + 2H_2O$

「1mol のメタンと 2mol の酸素が反応して，1mol の二酸化炭素と 2mol の水ができる」と読む(メタンが 0.5mol ならば酸素は 1mol であり，係数の比＝物質量の比 である)。

あとは，それぞれの物質 1mol がどれだけの量であるかを考えていけばよい。例えば，メタン 1mol の質量は［④　　　　］g(メタンの分子量は 16 である)，1mol の分子の数は［⑤　　　　　　］個，標準状態での 1mol の体積は［⑥　　　　］L である。その他の物質についても同様である。

b 化学反応式のまとめ　窒素と水素からアンモニアができる反応について，化学反応式が表す意味を次表にまとめる。

化学反応式	N_2	+	$3H_2$	⟶	$2NH_3$
物質	窒素		水素		[①　　]
反応式の係数	1		3		2
個数の関係	1 個		[②　　] 個		[③　　] 個
物質量の関係	1 mol (6.02×10^{23} 個)		[④　　] mol (3×[⑥　　] 個)		[⑤　　] mol (2×[⑦　　] 個)
質量の関係❶	28 g		3×[⑧　　] g		2×[⑨　　] g
体積の関係(標準状態)	22.4 L		3×[⑩　　] L		2×[⑪　　] L
体積比(同温・同圧)❷	1 体積	:	[⑫　　] 体積	:	[⑬　　] 体積

❶ 質量保存の法則(→ p.50)が成りたっている。
❷ 気体反応の法則(→ p.50)が成りたっている。

この章の基本事項を確認してみよう！

化学反応の量的関係

炭酸カルシウムと塩酸の反応

(1) 塩酸の入ったビーカーの質量をはかる。

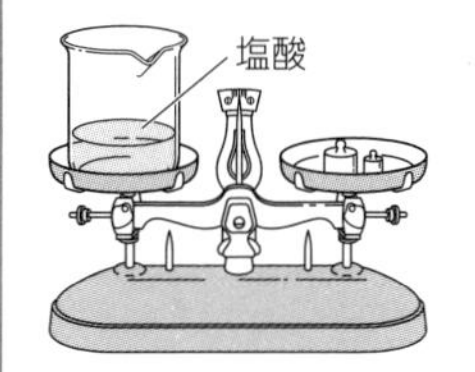

【実験例】70.0 g

(2) 炭酸カルシウムの質量をはかる。

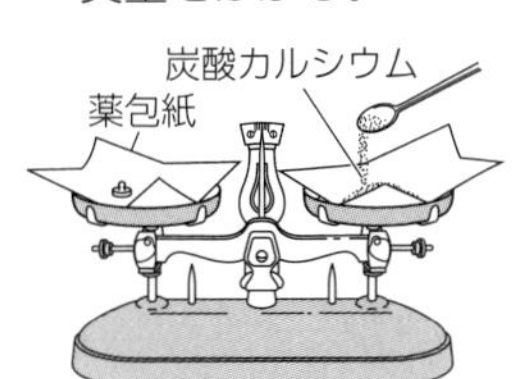

【実験例】5.0 g

(3) ビーカーの塩酸に炭酸カルシウムを加える。

(4) 気体の発生が終わったらビーカーの質量をはかる。

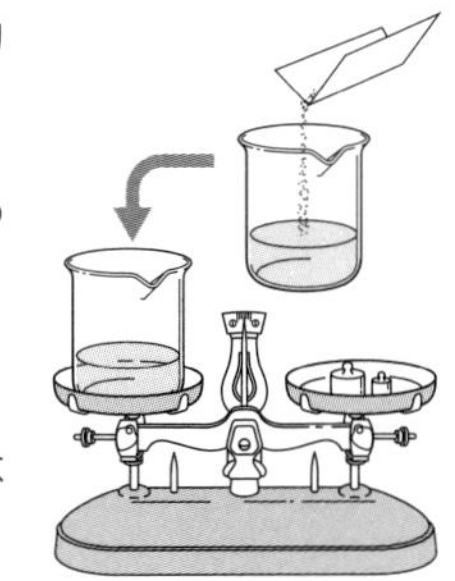

【実験例】72.8 g

【考察】① $CaCO_3$ の式量は[⑭　　]であるから，炭酸カルシウム 5.0 g の物質量は[⑮　　] mol。

② この反応で発生する気体は CO_2 で，その質量は
[⑯　　] g + [⑰　　] g − [⑱　　] g
= [⑲　　] g

③ CO_2 の分子量は[⑳　　]であるから発生した二酸化炭素の物質量は[㉑　　] mol。

④ したがって，反応した $CaCO_3$ と発生した CO_2 の物質量の比は $CaCO_3 : CO_2 = 1 :$ [㉒　　]

マグネシウムと塩酸の反応

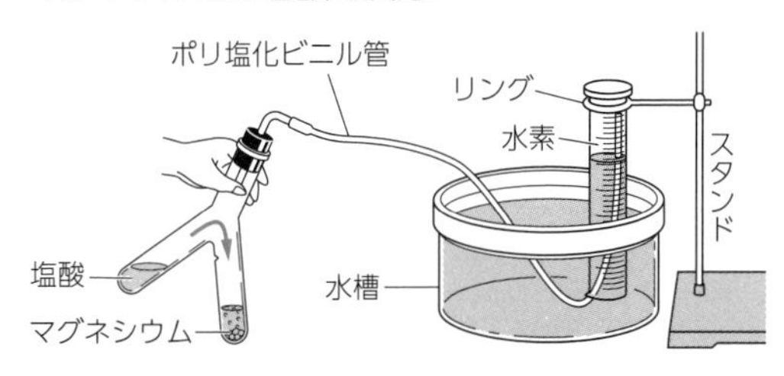

【結果】マグネシウム 0.60 g から発生した水素は，標準状態に換算すると 0.56 L であった。

【考察】① Mg の原子量は 24 であるから，0.60 g の Mg の物質量は[㉓　　] mol。

② 標準状態で 0.56 L の H_2 の物質量は[㉔　　] mol。

③ したがって，Mg と発生した H_2 の物質量の比は，Mg : H_2 = 1 : [㉕　　]

原子量　H = 1.0，C = 12，N = 14，O = 16，Ca = 40

原子・分子の探究の歴史

1. 化学の基礎法則からドルトンの原子説へ

法則など	内容	例
質量保存の法則 (ラボアジエ　1774年)	物質が反応しても，その前後で物質の質量の総和は不変である。	水素　＋　酸素　⟶　水 1g　＋　8g　＝　〔①　　〕g
定比例の法則 (プルースト　1799年)	成分元素の質量比(質量組成)は常に一定である。	水の成分元素の質量比は，常に 水素　：　酸素　＝　1：〔②　　〕
倍数比例の法則 (ドルトン　1803年)	AとBの2元素からなる2種類以上の化合物があるとき，一定量のAと結合するBの質量は，これらの化合物の間では簡単な整数比が成りたつ。	化合物の組成／炭素の質量／酸素の質量 一酸化炭素　3g　4g 二酸化炭素　3g　8g 炭素の一定量と化合する酸素の質量比は， 一酸化炭素：二酸化炭素＝1：〔③　　〕
ドルトンの原子説 (1803年)	ドルトンは質量保存の法則や定比例の法則を説明するために次のような **原子説** を発表した。 ① 物質はそれ以上分割できない最小の粒子(**原子**)からできている。 ② 単体の原子はその元素に固有の質量と大きさをもつ。元素が異なれば原子も異なる。 ③ 化合物は2種類以上の原子が決まった数の割合で結合してできる。 ④ 原子は消滅したり，無から生じたりすることはない。	

2. 気体反応の法則と原子説の矛盾 ⟶ アボガドロの分子説へ

気体反応の法則 (ゲーリュサック　1808年)	反応物や生成物の気体の体積の間には，同温・同圧では簡単な整数比が成りたつ。	(同温・同圧)　水素＋酸素　⟶　水蒸気 体　積　比　　2　：　1　：　2
気体反応の法則と原子説の矛盾	気体反応の法則をドルトンの原子説と関連させるために「すべての気体は，同温・同圧では同体積中に同数の原子が含まれる」と考えた。 しかし，この考えはドルトンの原子説と矛盾していた。 例 反応　　水素2体積　＋　酸素1体積　⟶　水蒸気2体積 原子説による説明 矛盾：酸素原子が半分に分割される ※1体積の気体の中に含まれている原子を4個の粒子で表した	
アボガドロの分子説 (1811年) ↓ **アボガドロの法則**	上記の矛盾を解消するために，アボガドロは次のような **分子説** を発表した。 ① 気体はすべていくつかの原子が結合した **分子** からできている。 ② すべての気体には，同温・同圧では同体積中に同数の分子が含まれる。 ③ 分子が反応するときは原子に分かれることができる。 分子説による説明 矛盾なく説明できる 水素分子　酸素分子　水分子 このことはその後の研究によって正しいことが証明され，現在では **アボガドロの法則** とよばれる。	

基礎ドリル

1. 原子量(➡ p.40)

原子量について，次の各問いに答えよ。^{12}C の相対質量は 12 である。

(1) ^{12}C 原子，^{13}C 原子 1 個の質量は，それぞれ 1.9926×10^{-23} g，2.1593×10^{-23} g である。^{13}C の相対質量を小数第 3 位まで求めよ。

(2) ^{12}C，^{13}C の存在比は，それぞれ 98.93 %，1.07 %である。(1)で求めた値を用いて炭素の原子量を小数第 2 位まで求めよ。

(3) アルミニウム原子 1 個の質量は，^{12}C 原子 1 個の質量の 2.25 倍である。このアルミニウム原子の相対質量を小数第 1 位まで求めよ。

(4) 同じ質量のダイヤモンドとナトリウムを比べたとき，ダイヤモンド中の原子の数は，ナトリウム中の原子の数の何倍か。小数第 1 位まで求めよ。

2. 同位体の存在比(➡ p.40)

リチウムには ^{6}Li(相対質量 6.0) と ^{7}Li(相対質量 7.0) の同位体が存在し，原子量は 6.94 である。^{6}Li の存在比(%)はいくらか。

3. 元素の質量組成(➡ p.40)

次の化合物中の(　)内の元素の質量組成(%)を小数第 1 位まで求めよ。

(1) 酸化マグネシウム(Mg)

(2) メタン CH_4(C)

(3) 水(H)

(4) 酸化アルミニウム(O)

原子量　H = 1.0，C = 12，O = 16，Na = 23，Mg = 24，Al = 27

4. 化学式と分子量・式量(➡ p.40)

次の物質の分子量・式量を記せ。

(1) 二酸化窒素 NO_2

(2) プロパン C_3H_8

(3) ヘリウム He

(4) アンモニア NH_3

(5) 硫酸 H_2SO_4

(6) 硫化水素 H_2S

(7) 炭酸ナトリウム Na_2CO_3

(8) 硝酸アルミニウム $Al(NO_3)_3$

(9) 塩化アンモニウム NH_4Cl

5. 物質量(➡ p.41, 42)

次の値を求めよ。ただし，アボガドロ定数は $N_A = 6.0 \times 10^{23}$/mol とする。

(1) 黒鉛 C 3.6g の物質量

(2) 炭酸カルシウム $CaCO_3$ 0.20mol の質量

(3) メタン CH_4 4.0g の体積(標準状態)

(4) 水 H_2O 6.0g 中の水分子の数

(5) 水分子 H_2O 1個の質量

(6) 塩化カルシウム $CaCl_2$ 22.2g に含まれるイオンの総数

(7) 標準状態で 28L の二酸化炭素 CO_2 の質量

原子量　H = 1.0, He = 4.0, C = 12, N = 14, O = 16, Na = 23, Al = 27, S = 32, Cl = 35.5, Ca = 40

6. 質量パーセント濃度 (➡ p.44)

次の各問いに答えよ。

(1) 塩化ナトリウム NaCl 50 g を水 150 g に溶かした水溶液の質量パーセント濃度は何％か。

(2) 水 H_2O 100 g にアンモニア NH_3 22.4 L (標準状態) を吸収させた水溶液の質量パーセント濃度は何％か。ただし，アンモニアの分子量は 17.0 とする。

(3) 質量パーセント濃度 5.0 ％の塩酸 70 g に溶けている塩化水素 HCl の質量は何 g か。

(4) 20℃で，飽和食塩水の質量パーセント濃度は 26.5 ％である。この温度で水 100 g に溶ける塩化ナトリウム NaCl の質量は最大何 g か。

7. モル濃度 (➡ p.44)

次の各問いに答えよ。

(1) グルコース $C_6H_{12}O_6$ 18 g を水に溶かして 200 mL とした水溶液のモル濃度は何 mol/L か。

(2) 3.0 mol/L の硫酸 H_2SO_4 50 mL 中に溶けている硫酸の物質量は何 mol か。

(3) 1.0 mol/L の硫酸 H_2SO_4 100 mL 中に溶けている硫酸の質量は何 g か。

(4) 12 mol/L の塩酸 HCl 10 mL に水を加えて 100 mL とした水溶液のモル濃度は何 mol/L か。

原子量 H = 1.0，C = 12，O = 16，S = 32

8. 化学反応式の係数(➡ p.46)

次の化学反応式・イオン反応式の係数 a, b, c, ……を求め，式を完成させよ。係数が1のときは1と記せ。

(1) $a\,\mathrm{Na} + b\,\mathrm{H_2O} \longrightarrow c\,\mathrm{NaOH} + d\,\mathrm{H_2}$

a: 　b: 　c: 　d:

(2) $a\,\mathrm{NaHCO_3} \longrightarrow b\,\mathrm{Na_2CO_3} + c\,\mathrm{CO_2} + d\,\mathrm{H_2O}$

a: 　b: 　c: 　d:

(3) $a\,\mathrm{C_3H_8} + b\,\mathrm{O_2} \longrightarrow c\,\mathrm{CO_2} + d\,\mathrm{H_2O}$

a: 　b: 　c: 　d:

(4) $a\,\mathrm{CH_3OH} + b\,\mathrm{O_2} \longrightarrow c\,\mathrm{CO_2} + d\,\mathrm{H_2O}$

a: 　b: 　c: 　d:

(5) $a\,\mathrm{KClO_3} \longrightarrow b\,\mathrm{KCl} + c\,\mathrm{O_2}$

a: 　b: 　c:

(6) $a\,\mathrm{Al} + b\,\mathrm{HCl} \longrightarrow c\,\mathrm{AlCl_3} + d\,\mathrm{H_2}$

a: 　b: 　c: 　d:

(7) $a\,\mathrm{Cu^{2+}} + b\,\mathrm{OH^-} \longrightarrow c\,\mathrm{Cu(OH)_2}$

a: 　b: 　c:

(8) $a\,\mathrm{AgCl} + b\,\mathrm{NH_3} \longrightarrow c\,[\mathrm{Ag(NH_3)_2}]^+ + d\,\mathrm{Cl^-}$

a: 　b: 　c: 　d:

(9) $a\,\mathrm{Cu} + b\,\mathrm{Ag^+} \longrightarrow c\,\mathrm{Cu^{2+}} + d\,\mathrm{Ag}$

a: 　b: 　c: 　d:

9. 化学反応式(➡ p.46)

次の反応を化学反応式で表せ。

(1) 水素を燃焼させる。

(2) メタンを完全燃焼させる。

(3) 過酸化水素を分解すると，水と酸素が生じる。

(4) マグネシウムを空気中で点火すると，酸化マグネシウムが生じる。

(5) 亜鉛に塩酸を作用させると，塩化亜鉛(Ⅱ)と水素が生じる。

(6) 一酸化炭素を燃焼させると，二酸化炭素が生じる。

(7) 炭酸カルシウムに塩酸を作用させると，塩化カルシウムと二酸化炭素と水が生じる。

(8) 窒素と水素から，アンモニアを合成する。

(9) 水を電気分解すると，水素と酸素が生じる。

例題 ❶ 組成式と原子量(➡ p.41)

ある金属元素Mの酸化物の組成式はMOで表される。この金属酸化物には，質量組成でMが80％含まれていることがわかった。Mの原子量はいくらか。

解答 Mの原子量をxとすると，MOの式量は［①　　　］になる。また，MO 1mol（［②　　　］[g]）中にはM原子が1mol（［③　　　］[g]）含まれ，それが質量組成80％であることから，

$$\frac{[④\quad]}{[⑤\quad]} \times 100 = 80(\%)$$

$x=$［⑥　　　］ 答

【別解】MO中のM原子とO原子の物質量は等しいから，

$$\frac{(\text{Mの質量})\,\text{g}}{(\text{Mのモル質量})\,\text{g/mol}} = \frac{(\text{Oの質量})\,\text{g}}{(\text{Oのモル質量})\,\text{g/mol}}$$

金属酸化物MO 100gについて考えると，

$$\frac{[⑦\quad]}{x} = \frac{[⑧\quad]}{16} \quad x = [⑨\quad]$$ 答

類題 1 ある金属元素Mの原子量は27である。M 4.5gを酸素4gと反応させると，酸化物が生じる。この酸化物の組成式として考えられるものを，次の①～⑥のうちから1つ選べ。

① M_2O　② MO　③ M_2O_3　④ MO_2　⑤ M_2O_5　⑥ MO_3

例題 ❷ 物質量と物理量の大小(➡ p.42)

次の問いについて，最も適当な気体を下の(ア)～(エ)から選び，記号で答えよ。

(1) 1L当たりの質量が最も大きいもの。　(2) 10gの体積(標準状態)が最も大きいもの。

(3) 1g中に含まれる原子の数が最も多いもの。

(ア) メタン　(イ) アンモニア　(ウ) 酸素　(エ) 二酸化炭素

解答 (1) 体積が同じなら［⑩　　　］も同じであるからモル質量を比べればよい。

(ア) $CH_4 = 16$ g/mol　(イ) $NH_3 = 17$ g/mol

(ウ) $O_2 = 32$ g/mol　(エ) $CO_2 = 44$ g/mol

この値が最も大きいものは［⑪　　　］ 答

(2) 10gの物質量を比べればよい。

$$\text{求める物質量} = \frac{10\,\text{g}}{\text{モル質量}}$$ であるから，

(ア) $\frac{10}{16}$ mol　(イ) $\frac{10}{17}$ mol　(ウ) $\frac{10}{32}$ mol

(エ) $\frac{10}{44}$ mol

この値が最も大きいものは［⑫　　　］ 答

(3) 1gの物質量に1分子中の原子の数をかけたもの(1g中の原子の物質量)を比べる。

(ア) $\frac{1}{16} \times 5$ mol　(イ) $\frac{1}{17} \times 4$ mol

(ウ) $\frac{1}{32} \times 2$ mol　(エ) $\frac{1}{44} \times 3$ mol

この値が最も大きいものは［⑬　　　］ 答

類題 2 次のうち，最も多くの炭素原子が含まれているものはどれか。番号で答えよ。

① 1gのダイヤモンド　② 4gの二酸化炭素　③ 4gの一酸化炭素　④ 標準状態で1Lのプロパン C_3H_8

原子量 H = 1.0，C = 12，N = 14，O = 16

例題 3 混合気体(➡ p.42)

メタンと水素の混合気体があり，その密度は標準状態で 0.214g/L である。次の問いに有効数字 2 桁で答えよ。

(1) この混合気体の見かけの分子量(平均分子量)はいくらか。

(2) 混合気体中に，メタンは体積で何％含まれているか。

解答 (1) モル質量を求めればよい。

標準状態での密度 × モル体積

= [①　　] g/L × [②　　] L/mol

= [③　　] g/mol ≒ 4.8g/mol

分子量は単位をもたないので

…[④　　] 答

(2) 混合気体中のメタンを x[mol]，水素を y[mol]として，混合気体 22.4L について考える。

$$\begin{cases} x\,[\text{mol}] + y\,[\text{mol}] = 1.0\,\text{mol} \\ 16x\,[\text{g}] + 2.0y\,[\text{g}] = 4.8\,\text{g} \end{cases}$$

これを解いて，

x = [⑤　　] mol，y = [⑥　　] mol

物質量の比 = 体積の比であるから，

$\dfrac{0.20}{0.20 + 0.80} \times 100$ = [⑦　　] (％) 答

類題 3 一酸化炭素と二酸化炭素の混合気体があり，その密度は標準状態で 1.43g/L である。この混合気体 200L を完全燃焼させるのに必要な酸素の体積は何 L か。

例題 4 溶液の濃度(➡ p.44)

次の問いに答えよ。

(1) 尿素 $(NH_2)_2CO$ 9.0g を水 250g に溶かした溶液の質量パーセント濃度を計算せよ。

(2) 市販の濃塩酸の濃度は 35.0％で，密度は 1.18g/cm³ である。モル濃度はいくらか。

解答 (1) $\dfrac{\text{溶質の質量[g]}}{\text{溶液の質量[g]}} \times 100$

= $\dfrac{[⑧\quad]\text{g}}{[⑨\quad]\text{g} + [⑩\quad]\text{g}} \times 100$

≒ [⑪　　] (％) 答

(2) 濃塩酸 1L(= [⑫　　] cm^3) について考えると，その中の HCl の質量は

$1000\,cm^3 \times 1.18\,g/cm^3 \times$ [⑬　　]

= [⑭　　] g

HCl の分子量は [⑮　　] であるから，

濃塩酸 1L 中の HCl の物質量は

$\dfrac{[⑯\quad]\text{g}}{[⑰\quad]\text{g/mol}}$ ≒ [⑱　　] mol

よって，モル濃度は [⑲　　] mol/L 答

類題 4 1.0mol/L の希硝酸 100mL をつくるのに必要な 60％硝酸(密度 1.4g/cm³)の体積は何 mL か。

原子量 H = 1.0，C = 12，N = 14，O = 16，Cl = 35.5

例題 5 化学反応の量的関係① (➡ p.48)

マグネシウムは，空気中で燃焼すると酸化マグネシウム MgO になる。6.0g のマグネシウムを空気中で燃焼させるとき，次の問いに答えよ。

(1) 燃焼に必要な酸素は何 g か。また，その体積は標準状態で何 L か。

(2) 生じる酸化マグネシウムは何 g か。

解答 この反応の化学反応式は，

$2Mg + O_2 \longrightarrow 2MgO$

Mg 6.0g の物質量は

$\dfrac{[^{①}\quad]\,g}{[^{②}\quad]\,g/mol} = [^{③}\quad]\,mol$

(1) 反応式の係数は物質量の関係を表すから，

(Mg の物質量)：(O_2 の物質量) ＝ 2：1 より，

必要な O_2 は [⑪の前 ④] mol。その質量は，

[⑤] g/mol × [⑥] mol

＝ [⑦] g 答

また，必要な O_2 の体積は

[⑧] L/mol × [⑨] mol

＝ [⑩] L 答

(2) (Mg の物質量)：(MgO の物質量) ＝ 1：1 より，

生じる MgO は [⑪] mol。その質量は，

[⑫] g/mol × [⑬] mol

＝ [⑭] g 答

類題 5 触媒の存在下で水素 H_2 と一酸化炭素 CO を反応させるとメタノール CH_3OH が生成する。

(1) メタノール CH_3OH 16g を得るのに必要な水素 H_2 の体積は標準状態で何 L か。

(2) 一酸化炭素 CO 70g がすべて反応したとき得られるメタノールの質量は何 g か。

例題 6 化学反応の量的関係② (➡ p.48)

一酸化炭素 10L に酸素 10L を混ぜて燃焼させた。このとき，気体の体積はすべて同温・同圧ではかるものとして，次の問いに答えよ。

(1) このときの反応を化学反応式で書け。 (2) この反応では，どちらの気体が何 L 残ったか。

(3) 燃焼後の気体の全体積は何 L か。

解答 (1) $2CO + O_2 \longrightarrow 2CO_2$ 答

(2) 反応式の係数は，同温・同圧の気体の体積の比を表すから，

CO の体積：O_2 の体積 ＝ [⑮]

したがって，10L の CO と反応する O_2 は

[⑯] L である。したがって，

[⑰] が [⑱] L 残る。 答

(3) 反応式の係数から，

反応する CO の体積：生成する CO_2 の体積

＝ [⑲]

したがって，10L の CO が全部反応してなくなり，代わって生じる CO_2 が

[⑳] L である。よって，燃焼後の気体の全体積は

[㉑] L ＋ [㉒] L ＝ [㉓] L 答

類題 6 3.0mol/L の塩酸 50mL 中に 3.25g の亜鉛を入れると，気体を発生して亜鉛はすべて溶けた。

(1) 発生した気体の化学式と，標準状態での体積を示せ。

(2) 反応後の溶液は，あと何 g の亜鉛を溶かすことができるか。

原子量 H ＝ 1.0，C ＝ 12，O ＝ 16，Mg ＝ 24，Zn ＝ 65

定期テスト対策問題

1 原子量　ある金属Mの塩化物は，組成式 $MCl_2 \cdot 2H_2O$ の水和物をつくる。この水和物 294mg を加熱して完全に無水物にしたところ，質量は 222mg になった。この金属の原子量を求めよ。

2 原子量と組成式　原子量 56 の元素Mの酸化物を分析すると，Mが質量組成で 70％含まれていた。この酸化物の組成式を示せ。

3 物質量　次の文中の(　)に，適当な語句または数値を入れよ。ただし，アボガドロ定数は 6.0×10^{23}/mol とし，数値は有効数字 2 桁で求めよ。

物質の(ア)の単位にはふつう g や kg を用いる。しかし，(イ)や(ウ)は非常に小さい粒子であって，私たちが日常扱う単位の量には，莫大な数の(イ)や(ウ)が含まれることになる。

例えば，酸素 10g 中には約(エ)個の(ウ)が含まれている。したがって，酸素分子 1 個の(ア)は(オ)g となる。そこで(イ)や(ウ)の量をはかるとき，それらの集団を考え，これを単位としてはかると便利である。

(カ)個の同一粒子の集団を 1(キ)という。

4 物質量と質量　1mol 当たりの質量が最も大きい物質を，次の①～⑤のうちから 1 つ選べ。

① オゾン O_3　② 水 H_2O　③ 二酸化炭素 CO_2
④ 二酸化窒素 NO_2　⑤ メタノール CH_4O

5 原子の数と質量　次の各物質 1.0g 中に含まれている原子の数が最も多いものを，次の①～④のうちから 1 つ選べ。

① ナトリウム　② カルシウム　③ アルミニウム
④ ヘリウム

1

2

3
(ア)
(イ)
(ウ)
(エ)
(オ)
(カ)
(キ)

4

5

原子量　H = 1.0，He = 4.0，C = 12，N = 14，O = 16，Na = 23，Al = 27，Cl = 35.5，Ca = 40

6 **気体の分子量** 標準状態で，ある体積の空気の質量を測定したところ0.29gであった。次に，標準状態で同体積の別の気体の質量を測定したところ0.58gであった。この気体の分子量を求めよ。ただし，空気は窒素と酸素の体積の比が 4：1 の混合気体であるとする。

6

7 **物質量と密度** 次の3つの物質について，同体積中に含まれる水素原子の数が多いものから順に記号で答えよ。

(A) 液体水素 H_2(密度 0.0708g/cm^3)

(B) 液体アンモニア NH_3(密度 0.817g/cm^3)

(C) 水素化カルシウム CaH_2(密度 1.90g/cm^3)

7

8 **溶液の濃度** 20℃で，水 50.0g に塩化ナトリウム 12.5g を加えてよくかき混ぜて溶液とした。また，この溶液 10.0mL の質量は 11.5g であった。これについて，以下の問いに有効数字3桁で答えよ。

(1) この溶液の質量パーセント濃度はいくらか。

(2) この溶液の密度〔g/cm^3〕はいくらか。

(3) この溶液のモル濃度はいくらか。

8

(1)

(2)

(3)

9 **濃度と溶解度** ある塩の溶解度は 80℃で 60.0g/100g 水，20℃で 20.0g/100g 水である。この塩の水溶液について，以下の空欄に適する数値を小数第1位まで記せ。

(a) 80℃での飽和溶液の濃度は(ア)%である。この溶液 100g を 20℃に冷却すると(イ)g の結晶(無水物)が析出する。

(b) その後，20℃で 10g の水を蒸発させると，さらに(ウ)g の結晶が析出する。

(c) その後，20℃で(エ)g の水を加えると，(a)と(b)で析出した結晶をすべて再び溶かすことができる。

9

(ア)

(イ)

(ウ)

(エ)

原子量 H = 1.0，N = 14，O = 16，Na = 23，Cl = 35.5，Ca = 40

10 **濃度と溶解度**　硝酸カリウムの溶解度は20℃で31.6g/100g水である。この温度で，質量パーセント濃度が20％の硝酸カリウム水溶液100gにあと何gの硝酸カリウムを溶かすことができるか。

11 **化学反応の量的関係**　気体のプロパンC_3H_8が11gある。これについて，以下の問いに答えよ。

(1) このプロパンの標準状態での体積は何Lか。

(2) この中に含まれる水素原子の数は全部で何個か。ただし，アボガドロ定数は6.0×10^{23}/molとする。

(3) このプロパンを完全燃焼させるのに要する酸素の質量は何gか。

12 **化学反応の量的関係**　次の3つの物質について，同質量を完全燃焼させるのに必要な酸素の量が多いものから順に記号で答えよ。

(A) エタノールC_2H_6O(分子量46)

(B) メタンCH_4(分子量16)

(C) 一酸化炭素CO(分子量28)

13 **化学反応の量的関係**　過酸化水素を分解すると水と酸素を生じる。質量パーセント濃度が3.4％の過酸化水素水100gに酸化マンガン(Ⅳ)を加えたとき，発生する酸素の質量は何gか。また，その体積は標準状態で何Lか。

14 **混合気体の燃焼**　メタンとプロパンの混合気体11.2L(標準状態)を完全燃焼させたところ，39.6gの二酸化炭素が発生した。これについて，以下の問いに答えよ。

(1) メタンとプロパンの燃焼を，それぞれ化学反応式で表せ。

(2) 混合気体中のメタンとプロパンの物質量の比を求めよ。

(3) 燃焼に要した空気の体積(標準状態)は何Lか。有効数字2桁で答えよ。ただし，空気の組成は，体積で酸素20％，窒素80％とする。

(4) 燃焼で生じた水の質量は何gか。有効数字2桁で答えよ。

10

11
(1)
(2)
(3)

12

13

14
(1)
(2)
(3)
(4)

原子量　H＝1.0，C＝12，O＝16

15 化学反応の量的関係 アルミニウムに塩酸を加えると水素を発生して溶ける。これについて，以下の問いに答えよ。

(1) この反応を化学反応式で表せ。

(2) 2.7g のアルミニウムを完全に溶かすのに必要な 5.0mol/L 塩酸の体積は何 mL か。

(3) このとき発生する水素の体積(標準状態)は何 L か。

15
(1)
(2)
(3)

16 化学反応の量的関係 炭酸水素ナトリウムに塩酸を作用させると，塩化ナトリウムと水と二酸化炭素が発生する。これについて，以下の問いに答えよ。

(1) この反応を化学反応式で表せ。

(2) 3.36g の炭酸水素ナトリウムが反応したとき，発生した二酸化炭素の質量は何 g か。有効数字 2 桁で答えよ。

(3) 反応後の溶液を加熱して水を蒸発させたところ，白色の固体が残った。その質量は何 g か。有効数字 2 桁で答えよ。

16
(1)
(2)
(3)

17 化学の基礎法則 次の(1)~(4)の文中の□に適当な数値を記入せよ。また，それぞれの記述に関係する法則を，下の①~⑤のうちから 1 つずつ選べ。ただし，アボガドロ定数は 6.0×10^{23}/mol とする。

(1) 同温・同圧では，2 体積の一酸化炭素と 1 体積の酸素が完全に反応すれば［ア］体積の二酸化炭素が生成する。

(2) 標準状態の気体 5.6L 中に含まれている分子の数は，気体の種類に関係なく約［イ］個である。

(3) 酸化銅(Ⅱ)の黒色粉末 1.0g を加熱しながら水素を通じると，銅粉 0.8g が得られた。酸化銅(Ⅱ)の銅と酸素の質量の比は常に［ウ］：1 である。

(4) 一酸化窒素 30g 中の酸素と，二酸化窒素 46g 中の酸素の質量の比は 1：［エ］である。

① 質量保存の法則　② 定比例の法則　③ アボガドロの法則
④ 倍数比例の法則　⑤ 気体反応の法則

17
ア：
イ：
ウ：
エ：
(1)
(2)
(3)
(4)

原子量 H = 1.0, C = 12, N = 14, O = 16, Na = 23, Al = 27, Cl = 35.5

5 酸と塩基の反応

① 酸・塩基の定義を理解し，その性質と反応について学ぼう。
② 電離度と酸・塩基の強弱について学ぼう。
③ 水溶液中の水素イオン・水酸化物イオンの濃度と pH の関係について理解しよう。

1 酸・塩基

A 酸と塩基

a 酸

① 青色リトマス紙を［① ］色に変化させる。

② マグネシウム Mg や亜鉛 Zn などの金属と反応して［② ］を発生する。

このような性質を酸性といい，酸性を示す物質を酸という。塩化水素❶，酢酸，硫酸の水溶液などがある。

b 塩基

① 赤色リトマス紙を［③ ］色に変化させる。

② 酸と反応して，その性質を打ち消す。

このような性質を塩基性(アルカリ性)といい，塩基性を示す物質を塩基という。水酸化ナトリウム，アンモニア❷の水溶液などがある。

❶塩化水素 HCl の水溶液を塩酸という。

❷アンモニア NH_3 の水溶液をアンモニア水という。

B 酸・塩基の定義

➡基礎ドリル 2, 3 (p.70)

a アレニウスの定義

酸	水に溶かすと電離して［④ ］イオン H^+❸を生じる物質	例 $HCl \longrightarrow$［⑤ ］＋［⑥ ］ $CH_3COOH \rightleftarrows H^+ + CH_3COO^-$❹
塩基	水に溶かすと［⑦ ］イオン OH^- を生じる物質	例 $NaOH \longrightarrow$［⑧ ］＋［⑨ ］ $NH_3 + H_2O \rightleftarrows NH_4^+ + OH^-$

❸H^+は水分子と配位結合してオキソニウムイオン H_3O^+として存在する。

❹記号 $\rightleftarrows$ は，両方の向きに反応が起こることを表す。

b ブレンステッド・ローリーの定義

酸	水素イオン H^+を他に与える物質	例 (酸)―H^+を与える→ $HCl + H_2O$❺ $\longrightarrow Cl^- +$［⑩ ］ (塩基)―H^+を受け取る→
塩基	水素イオン H^+を他から受け取る物質	(酸)―H^+を与える→ $NH_3 + H_2O \longrightarrow$［⑪ ］＋［⑫ ］ (塩基)―$H^+$を受け取る→

❺H_2O は，NH_3 との反応では H^+を与えるので酸，HCl との反応では H^+を受け取るので塩基としてはたらく。

C 酸・塩基の価数

a 価数　① 酸1分子中の[①　　]になることのできるH原子の数が酸の価数。

② 塩基の組成式中のOH^-の数(＝受け取ることができるH^+の数)が塩基の価数。

	酸	塩基
1価	HCl, HNO_3, CH_3COOH❶	$NaOH$, KOH, $NH_3$❷
2価	H_2SO_4, $(COOH)_2$(シュウ酸)❸	$Mg(OH)_2$, $Ca(OH)_2$, $Ba(OH)_2$, $Cu(OH)_2$
3価	H_3PO_4(リン酸)	

➡基礎ドリル1(p.70)

❶酢酸は，1分子中の4個のH原子のうち，1個だけがH^+になることに注意!!

❷$NH_3 + H_2O \rightleftarrows NH_4^+ + OH^-$

❸シュウ酸は$H_2C_2O_4$と書くこともある。

D 酸・塩基の強弱

➡基礎ドリル5(p.70)

a 電離度　① 酢酸の水溶液では，水に溶けている酢酸分子のうちの一部が[②　　　]してH^+とCH_3COO^-になり，電離していない大部分の酢酸分子との混合物になっている。これを記号$\rightleftarrows$を用いて，次のように表す。

$CH_3COOH \rightleftarrows H^+ + CH_3COO^-$

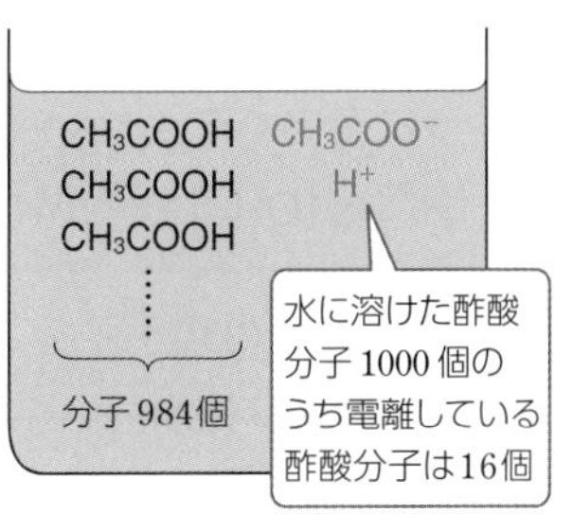

$$\text{酢酸の電離度} = \frac{16(\text{個})}{1000(\text{個})} = 0.016$$

② 水に溶かした酸(塩基)の全物質量に対して，電離した酸(塩基)の物質量の割合が電離度。

$$[③\qquad]\ \alpha = \frac{\text{電離した酸(塩基)の物質量}}{\text{溶かした酸(塩基)の物質量}} \quad (0<\alpha\leqq 1)$$

b 酸・塩基の強弱　水溶液中でほぼすべて電離する(電離度が[④　　]に近い)酸や塩基が強酸・強塩基。電離度が[⑤　　　]い酸や塩基が弱酸・弱塩基。

強酸	HCl, HBr, HI, HNO_3, H_2SO_4	強塩基	$NaOH$, KOH, $Ca(OH)_2$, $Ba(OH)_2$
弱酸	CH_3COOH, HCN, $(COOH)_2$, H_2S, H_3PO_4*	弱塩基	NH_3, $Fe(OH)_2$, $Cu(OH)_2$

＊リン酸H_3PO_4は弱酸の中でも比較的電離度が大きいため，中程度の強さの酸といわれている。

参考　酸性酸化物と塩基性酸化物

酸性酸化物　酸のはたらきをする酸化物が[⑥　　　　　　]。二酸化硫黄SO_2やCO_2など[⑦　　　　]元素の酸化物に多い❹。

$SO_2 + H_2O \longrightarrow$ [⑧　　　　]…水と反応して酸を生じる。

$CO_2 + 2NaOH \longrightarrow$ [⑨　　　　] $+ H_2O$…塩基と反応して塩(えん)と水を生じる❺。

塩基性酸化物　塩基のはたらきをする酸化物が[⑩　　　　　　　]。

酸化ナトリウムNa_2Oや酸化銅(Ⅱ)CuOなど[⑪　　　　]元素の酸化物に多い❻。

$Na_2O + H_2O \longrightarrow 2$[⑫　　　　]…水と反応して塩基を生じる。

$CuO + H_2SO_4 \longrightarrow$ [⑬　　　　] $+ H_2O$…酸と反応して塩と水を生じる❺。

➡基礎ドリル4(p.70)

❹三酸化硫黄SO_3，十酸化四リンP_4O_{10}，二酸化ケイ素SiO_2なども酸性酸化物である。

❺同時に(塩と)水が生じているので，この反応は中和反応(→p.65)である。

❻酸化マグネシウムMgO，酸化カリウムK_2O，酸化鉄(Ⅲ)Fe_2O_3なども塩基性酸化物である。

2 水素イオン濃度と pH

A 水素イオン濃度

a 水の電離 ① 水 H_2O は次のようにわずかに電離している。

$H_2O \rightleftarrows$ [①　　　] + [②　　　]

② 純水では，水素イオン濃度 $[H^+]$ と水酸化物イオン濃度 $[OH^-]$ は等しく，この状態が [③　　] 性。

$[H^+] = [OH^-] = 1.0 \times 10^{-7}$ mol/L (25℃)

b 水素イオン濃度と水溶液の性質 ① 水に酸を加えると [④　　　　] は増加し，$[OH^-]$ は減少する。また，水に塩基を加えると [⑤　　　　] は増加し，$[H^+]$ は減少する。しかし，温度が一定ならば，$[H^+]$ と $[OH^-]$ の積の値が常に一定になる❶ように変化する。

② その水溶液の性質は，$[H^+]$ と $[OH^-]$ の大小によって決まる。

> **水素イオン濃度と水溶液の性質 (25℃)**
> 酸　性：$[H^+] > 1 \times 10^{-7}$ mol/L $> [OH^-]$ …… pH<7
> 中　性：$[H^+] = 1 \times 10^{-7}$ mol/L $= [OH^-]$ …… pH=7
> 塩基性：$[H^+] < 1 \times 10^{-7}$ mol/L $< [OH^-]$ …… pH>7

c 水素イオン濃度の求め方 ① モル濃度 c [mol/L]，電離度 α の a 価の酸の水溶液中の $[H^+]$ は，次のように求められる。

$[H^+] = ac\alpha$ [mol/L]

② モル濃度 c' [mol/L]，電離度 α' の b 価の塩基の水溶液中の $[OH^-]$ は，次のように求められる。

$[OH^-] = bc'\alpha'$ [mol/L]

＊本書では，特に断りのないとき，強酸・強塩基は完全に電離しているものとする。

B pH

a 水素イオン濃度と pH pH は，水素イオン濃度 $[H^+]$ の大小を示す数値。

> **$[H^+]$ と pH の関係**
> $[H^+] = 1 \times 10^{-n}$ mol❷ のとき pH $= n$

b pH と $[H^+]$，$[OH^-]$ の関係 (25℃)

$[H^+]$ [mol/L]	1	10^{-1}	10^{-2}	……	10^{-7}	……	[⑥　]	[⑦　]	[⑧　]
pH❸	[⑨　]	[⑩　]	[⑪　]	……	7	……	12	13	14
$[OH^-]$ [mol/L]	10^{-14}	10^{-13}	10^{-12}	……	10^{-7}	……	10^{-2}	10^{-1}	1
酸性・塩基性の強弱	$[H^+] > [OH^-]$ 強 ← 酸性 → 弱				$[H^+] = [OH^-]$ 中性		$[H^+] < [OH^-]$ 弱 ← 塩基性 → 強		

❶ 発展
$[H^+]$ と $[OH^-]$ の積を水のイオン積といい，K_w で表す。
K_w の値は，温度が変わらなければ常に一定に保たれる。
$K_w = [H^+][OH^-]$
$= 1.0 \times 10^{-14}$ mol²/L² (25℃)

❷ 発展
$[H^+][OH^-] = K_w$
$= 1 \times 10^{-14}$ mol²/L² (25℃) であるから，$[H^+]$ がわかれば $[OH^-]$ を計算で求めることができる。

❸ pH の測定には，pH 計や pH 試験紙が用いられる。

➡ 基礎ドリル 6, 7 (p.71)
➡ 例題 1 (p.72)

3 中和反応と塩

A 中和反応

➡基礎ドリル 8 (p.71)
➡例題 2, 3 (p.72, 73)

a 中和のしくみと塩(えん) ① 酸と塩基が反応して互いの性質を打ち消しあうことを[①　　　]という。

酸：H^+ 陰イオン

(酸と塩基の性質が打ち消される)

$$H^+ + OH^- \xrightarrow{中和} H_2O$$

陽イオン OH^-：塩基

(中和反応では水が生じる)

② 塩酸と水酸化ナトリウム水溶液の中和では，電離したイオンが反応する。

$(H^+ + Cl^-) + (Na^+ + OH^-) \longrightarrow$ [②　　　] + [③　　　] + [④　　　]

よって，中和反応とは，酸の H^+ と塩基の[⑤　　　]が結びつき，水分子 H_2O を生じる反応といえる。$H^+ + OH^- \longrightarrow$ [⑥　　　]

③ 酸の陰イオンと塩基の陽イオンは結合して[⑦　　　]とよばれる化合物を生じる。

$$\underset{酸}{HCl} + \underset{塩基}{NaOH} \longrightarrow \underset{塩❶}{NaCl} + \underset{水❷}{H_2O}$$

❶ 多くの塩は水に溶けるが，硫酸バリウム $BaSO_4$ のように水に溶けないものもある。

❷ 塩化水素とアンモニアの反応のように，水を生じない中和もある。
$HCl + NH_3 \longrightarrow NH_4Cl$

B 塩

a 塩とその分類 ① 酸の[⑧　　　　　]と塩基の[⑨　　　　　]からなるイオン結合の物質を[⑩　　　]という。塩を表すには組成式が使われる❸。

その名称は，陰イオンを先に，陽イオンを後に読む(ただし，Cl は塩化，S は硫化と読み，物(ぶつ)はつけない)。

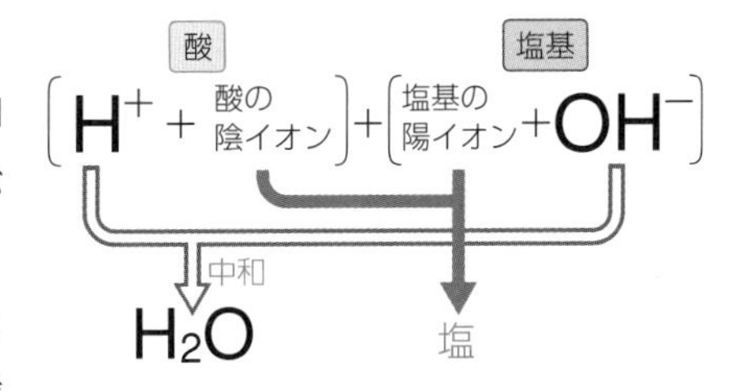

なお，1 価の酸と 1 価の塩基との中和では，NaCl のように 1 種類の塩しかできないが，酸または塩基が 2 価以上の場合には，電離の各段階に対応して，2 種類以上の塩ができる。

❸ 塩を中和反応によってできたと考え，もとの酸・塩基が何であるかを知ることは，その水溶液の性質を理解するうえで非常に重要である。

例 $H_2SO_4 + NaOH \longrightarrow \underset{硫酸水素ナトリウム}{NaHSO_4} + H_2O$

$H_2SO_4 + 2NaOH \longrightarrow \underset{硫酸ナトリウム}{Na_2SO_4} + 2H_2O$

酸から生じる陰イオン：Cl^-，NO_3^-，CH_3COO^-，SO_4^{2-}，CO_3^{2-}，HSO_4^-，HCO_3^- など
塩基の陽イオン：Na^+，K^+，Ca^{2+}，Cu^{2+}，Fe^{3+} などの金属イオンと NH_4^+

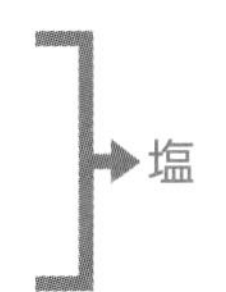

② 塩はその組成によって次のように分類される。

分類[1]	組成	例
[①　　] 塩	酸に由来する H が残っている塩	炭酸水素ナトリウム [④　　] 硫酸水素ナトリウム [⑤　　]
[②　　] 塩	塩基に由来する OH が残っている塩	塩化水酸化マグネシウム　MgCl(OH) 塩化水酸化銅(Ⅱ)　CuCl(OH)
[③　　] 塩	酸に由来する H も塩基に由来する OH も残っていない塩	塩化カルシウム [⑥　　] 硫酸銅(Ⅱ) [⑦　　]

③ 塩は，酸と塩基の中和反応のときだけでなく，いろいろな反応で生成する。

・酸 ＋ 塩基　例 $HCl + NaOH \longrightarrow$ [⑧　　] $+ H_2O$

$H_2SO_4 + Ba(OH)_2 \longrightarrow$ [⑨　　] $+ 2H_2O$

・酸 ＋ 塩基性酸化物　例 $2HCl + CaO \longrightarrow$ [⑩　　] $+ H_2O$

・酸 ＋ 金属元素の単体　例 $2HCl + Mg \longrightarrow$ [⑪　　] $+ H_2$

・酸性酸化物 ＋ 塩基　例 $CO_2 + 2NaOH \longrightarrow$ [⑫　　] $+ H_2O$

・酸性酸化物 ＋ 塩基性酸化物　例 $CO_2 + CaO \longrightarrow$ [⑬　　]

・非金属元素の単体 ＋ 金属元素の単体　例 $Cl_2 + 2Na \longrightarrow 2$ [⑭　　]

[1] これらの分類は組成によるもので，塩の水溶液の性質とは無関係である。

C 塩の水溶液の性質

➡例題 4 (p.73)

a 正塩の水溶液の性質　① 正塩であっても，水溶液の性質は中性とは限らない。

② 正塩の水溶液の性質は，中和して塩をつくる酸と塩基の強弱の組合せで決まる。

分類	水溶液の性質	例	もとの酸	もとの塩基
強酸と強塩基からなる正塩	[⑮　　]	NaCl	HCl	NaOH
		KNO_3	HNO_3	KOH
強酸と弱塩基からなる正塩	[⑯　　] [2]	NH_4Cl	HCl	NH_3
		$CuSO_4$	H_2SO_4	$Cu(OH)_2$
弱酸と強塩基からなる正塩	[⑰　　] [3]	CH_3COONa	CH_3COOH	NaOH
		Na_2CO_3	H_2CO_3	NaOH

[2] 弱塩基の陽イオンは，一部が水分子と反応して H_3O^+ を生成する。そのため水溶液は酸性を示す。

[3] 弱酸の陰イオンは，一部が水分子と反応して OH^- を生成する。そのため水溶液は塩基性を示す。

b 酸性塩の水溶液の性質　① 酸性塩の水溶液は，必ずしも酸性を示すとは限らない。

② 強酸と強塩基の酸性塩の水溶液…[⑱　　] (電離して H^+ を生じるため)　例 $NaHSO_4$ [4]

③ 弱酸と強塩基の酸性塩の水溶液…[⑲　　]　例 $NaHCO_3$

[4] $NaHSO_4$ は水に溶けると，次のように電離して酸性を示す。

$NaHSO_4 \longrightarrow Na^+ + HSO_4^-$

$HSO_4^- \rightleftarrows H^+ + SO_4^{2-}$

D 弱酸・弱塩基の遊離

一般に，弱酸の塩に［①　　　　］を加えると弱酸が遊離し，弱塩基の塩に［②　　　　］を加えると弱塩基が遊離する❶。これは，弱酸の陰イオンが強酸から水素イオン H^+ を受け取ることによって，また弱塩基の陽イオンが強塩基に水素イオン H^+ を奪われることによって起こる。

例 CH_3COONa（弱酸の塩） ＋ ［③　　　　］（強酸） $\longrightarrow$ $NaCl$（強酸の塩） ＋ CH_3COOH（弱酸）

NH_4Cl（弱塩基の塩） ＋ ［④　　　　］（強塩基） $\longrightarrow$ $NaCl$ ＋ NH_3（弱塩基） ＋ H_2O

> 弱酸の塩 ＋ 強酸 ⟶ 強酸の塩 ＋ 弱酸
> 弱塩基の塩 ＋ 強塩基 ⟶ 強塩基の塩 ＋ 弱塩基

❶強いほうが塩になり，弱いほうが遊離する。化学の世界では「強い者が勝ちのルール」が優先される。㊿が㊾を追い出すのである。

4 中和滴定

A 中和反応の量的関係

① 次の関係が成りたつとき，酸と塩基が過不足なく中和する。

酸から生じる［⑤　　］の物質量 ＝ 塩基から生じる［⑥　　］の物質量

② 硫酸と水酸化ナトリウムの中和では，物質量の比が 1：2❷ で過不足なく中和する。

$H_2SO_4 + 2NaOH \longrightarrow$ ［⑦　　　　］＋［⑧　　］H_2O

（2価の酸である硫酸 1mol が出す H^+ は［⑨　　］mol
1価の塩基である水酸化ナトリウム 2mol が出す OH^- は［⑩　　］mol
両者は結合してすべて水になるから，H^+ と OH^- の物質量が等しい。）

❷反応式中の係数はそれぞれの物質の物質量の比を表している。

③ 一般に，a 価の酸 m〔mol〕が，b 価の塩基 n〔mol〕と過不足なく中和するとき，

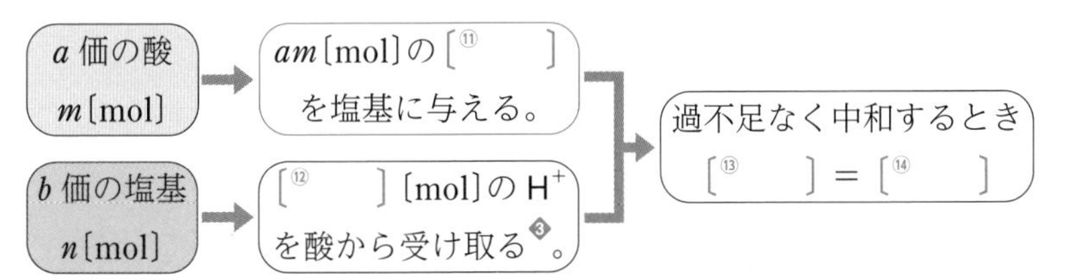

❸H^+ を受け取ることは，OH^- を与えることと同じ意味である。

④ 弱酸である酢酸と強塩基である水酸化カリウムの中和は，次の反応式で表される。

$CH_3COOH + KOH \longrightarrow CH_3COOK + H_2O$

また，強酸である塩化水素と弱塩基であるアンモニアの中和は，次の反応式で表される。

$HCl + NH_3 \longrightarrow NH_4Cl$

中和する酸・塩基の物質量は酸や塩基の強弱には無関係であり，それぞれの［⑮　　　　］×［⑯　　　　］が等しくなったところで過不足なく中和する。

B 中和反応の関係式

濃度 c〔mol/L〕の a 価の酸の水溶液 V〔L〕と，濃度 c'〔mol/L〕の b 価の塩基の水溶液 V'〔L〕がちょうど中和したとすると，次の関係式が成りたつ。

$$a \times c\text{〔mol/L〕} \times V\text{〔L〕} = b \times c'\text{〔mol/L〕} \times V'\text{〔L〕}$$

酸の(価数)×(濃度)×(体積)＝塩基の(価数)×(濃度)×(体積)❶

❶体積の単位に注意する。$1\,\text{mL} = \frac{1}{1000}\,\text{L}$ である。

C 中和滴定

➡基礎ドリル 9 (p.71)
➡例題 3 (p.73)

酸と塩基を反応させたとき，それぞれの〔① 　　　〕×〔② 　　　〕が等しくなると，ちょうど過不足なく中和する。この関係から，濃度のわかっている酸または塩基の水溶液を用いて，濃度のわからない塩基または酸の水溶液の濃度を調べる実験操作を〔③ 　　　〕という。

D 滴定曲線と指示薬

a 滴定曲線　中和滴定において，加えた酸(または塩基)の水溶液の体積と混合水溶液の pH との関係を示す曲線を〔④ 　　　〕といい，用いる酸・塩基の強弱の組合せで，次のⓐ～ⓓのいずれかのパターンとなる。

ⓐ〔⑤ 　　　〕に強塩基を加える

強塩基水溶液の滴下量〔mL〕

(例) 0.10 mol/L 塩酸 10 mL に 0.10 mol/L 水酸化ナトリウム水溶液を滴下した場合

ⓑ〔⑥ 　　　〕に強塩基を加える

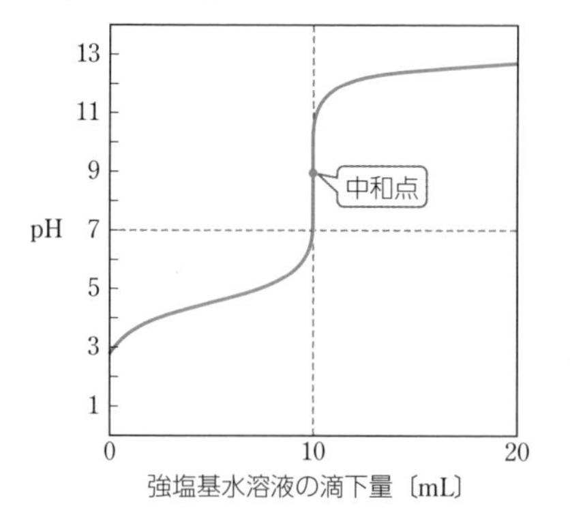

(例) 0.10 mol/L 酢酸水溶液 10 mL に 0.10 mol/L 水酸化ナトリウム水溶液を滴下した場合

ⓒ〔⑦ 　　　〕に弱塩基を加える

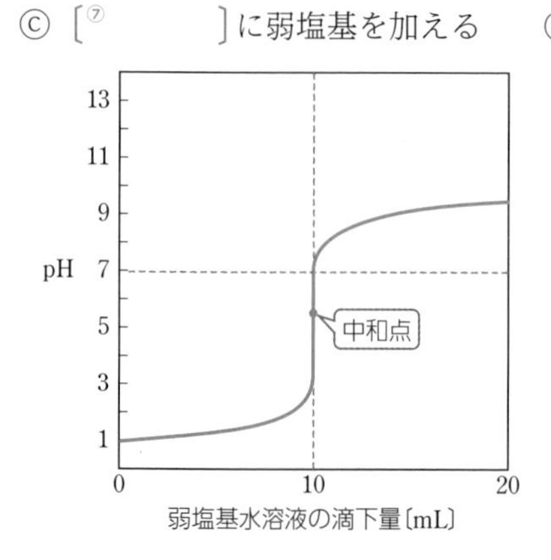

(例) 0.10 mol/L 塩酸 10 mL に 0.10 mol/L アンモニア水を滴下した場合

ⓓ〔⑧ 　　　〕に弱塩基を加える

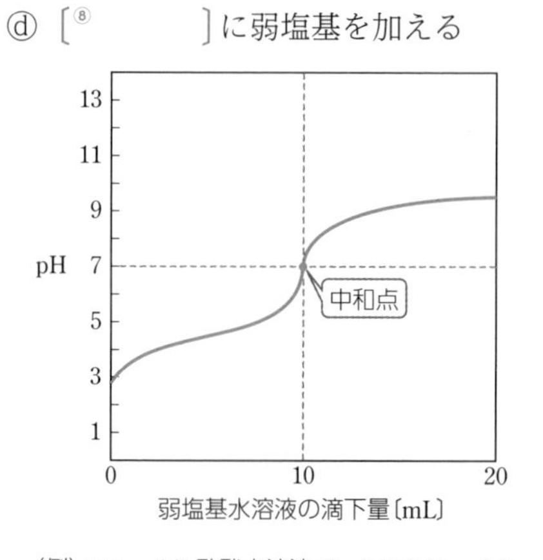

(例) 0.10 mol/L 酢酸水溶液 10 mL に 0.10 mol/L アンモニア水を滴下した場合

b 中和滴定と指示薬 ① 中和の滴定曲線において，〔① 〕付近でpH が急激に変化する❶。

② 中和点付近の pH で色が変化する〔② 〕を中和滴定に用いれば，中和点を知ることができる❷。指示薬の色が変わる pH の範囲を指示薬の〔③ 〕という。

❶ 弱酸・弱塩基の組合せの中和では，中和点の前後で pH の急激な変化が起こらない。したがって，指示薬を使って中和点を求めることはできない。

❷ 中和点で水溶液が必ずしも中性を示すとは限らない(→ p.66)ので，酸・塩基の強弱の組合せにより適当な指示薬を選ぶ必要がある。

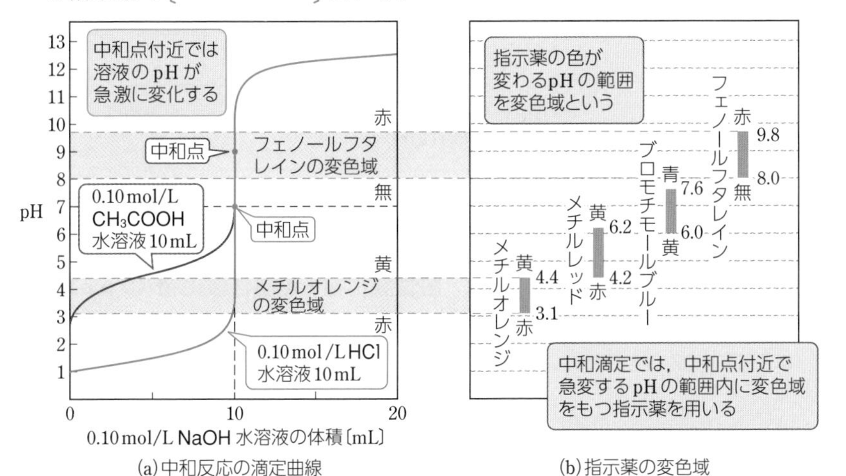

(a)中和反応の滴定曲線　(b)指示薬の変色域

例えば，0.10 mol/L 塩酸を 0.10 mol/L 水酸化ナトリウム水溶液で滴定する場合は，メチルオレンジもフェノールフタレインも指示薬として使うことができるが，0.10 mol/L 酢酸水溶液を 0.10 mol/L 水酸化ナトリウム水溶液で滴定する場合には，指示薬として〔④ 〕は不適当である。

c 中和滴定の器具

器具				
名称	〔⑤ 〕	〔⑥ 〕	〔⑦ 〕	〔⑧ 〕
中和滴定での使用目的	正確な濃度の溶液を調製する。	溶液を一定体積，正確にはかり取る。	溶液を滴下し，その体積を読み取る。	酸と塩基の溶液を反応させる。
洗浄・前処理	純水でぬれていてもよい。	純水でぬれている場合は使用する溶液で内部を2～3回すすぐ。この操作を〔⑨ 〕という。		純水でぬれていてもよい。

【留意点】メスフラスコやホールピペットの標線は必ず真横から読み，ビュレットは最小目盛りの $\frac{1}{10}$ の値まで読み取る。

この章の基本事項を確認してみよう！

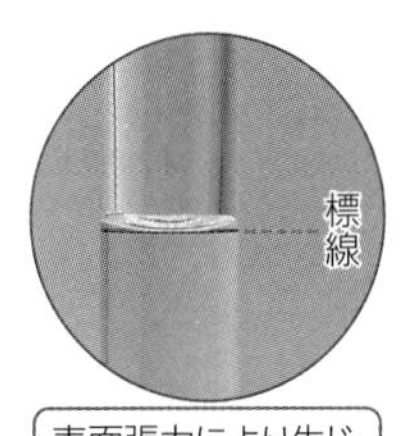

表面張力により生じる液の曲面の底部を標線に合わせる

基礎ドリル

1. 酸・塩基の種類 (➡ p.63)

次の酸・塩基の化学式とその価数を記せ。

(例) 塩酸(塩化水素)　HCl，1価

(1) 硫酸

(2) 硝酸

(3) 酢酸

(4) リン酸

(5) アンモニア

(6) 水酸化ナトリウム

(7) 水酸化カルシウム

(8) 水酸化バリウム

2. 酸 (➡ p.62)

次の反応で，酸として作用するものはどれか。化学式で答えよ。

(1) $CO_3^{2-} + H_2O \longrightarrow HCO_3^- + OH^-$

(2) $NH_4^+ + H_2O \longrightarrow NH_3 + H_3O^+$

(3) $NH_3 + H_2O \longrightarrow NH_4^+ + OH^-$

3. 電離 (➡ p.62)

次の酸・塩基は，水の中でどのように電離するか。

(1) $HCl \longrightarrow$

(2) $H_2SO_4 \longrightarrow$

(3) $HNO_3 \longrightarrow$

(4) $CH_3COOH \rightleftarrows$

(5) $NaOH \longrightarrow$

(6) $KOH \longrightarrow$

(7) $Ca(OH)_2 \longrightarrow$

(8) $Ba(OH)_2 \longrightarrow$

(9) $NH_3 + H_2O \rightleftarrows$

4. 酸性酸化物・塩基性酸化物 (➡ p.63)

次の酸化物が水と反応してできる物質を，それぞれ化学式で答えよ。

(1) 二酸化硫黄 SO_2

(2) 三酸化硫黄 SO_3

(3) 十酸化四リン P_4O_{10}

(4) 酸化ナトリウム Na_2O

(5) 酸化カルシウム CaO

5. 酸の強弱 (➡ p.63)

次の物質を

(A) 1価の強酸，(B) 1価の弱酸，
(C) 2価の強酸，(D) 2価の弱酸

に分類し，記号で答えよ。

(ア) HCl　(イ) H_2SO_4　(ウ) CH_3COOH
(エ) HNO_3　(オ) HBr　(カ) HCN
(キ) HF　(ク) H_2S

(A)

(B)

(C)

(D)

6. pH(➡ p.64)

水素イオンまたは水酸化物イオンの濃度が次の値を示す水溶液の pH の値はいくらか。整数で答えよ。ただし，(3)，(4)は，p.64 の表を参照して答えよ。

(1) $[H^+] = 0.010$ mol/L

(2) $[H^+] = 1.0 \times 10^{-4}$ mol/L

(3) $[OH^-] = 0.0010$ mol/L

(4) $[OH^-] = 1.0 \times 10^{-6}$ mol/L

7. 水素イオン濃度と水酸化物イオン濃度 (➡ p.64)

次の水溶液について，(1)，(2)は水素イオン濃度を，(3)，(4)は水酸化物イオン濃度を求めよ。

(1) pH = 3 の酢酸水溶液

(2) 0.10 mol/L の酢酸水溶液(電離度 0.016)

(3) 0.010 mol/L の水酸化ナトリウム水溶液

(4) 0.050 mol/L のアンモニア水(電離度 0.020)

8. 中和反応(➡ p.65)

次の酸と塩基が完全に中和するときの反応を化学反応式で表せ。

(1) 塩酸と水酸化カルシウム

(2) 硫酸と水酸化ナトリウム

(3) 酢酸と水酸化カリウム

(4) 硝酸とアンモニア

9. 中和滴定(➡ p.68)

ある濃度の塩酸 10 mL を中和するのに，0.20 mol/L の水酸化ナトリウム水溶液 12.5 mL を要した。この塩酸の濃度は何 mol/L か。

例題 ❶ 水素イオン濃度と pH(➡ p.64)

次の水溶液の(1)~(3)は水素イオン濃度と pH を，(4)は水酸化物イオン濃度を求めよ。

(1) 1×10^{-3}mol/L の塩酸(電離度を 1 とする)

(2) 2×10^{-3}mol/L の酢酸水溶液(電離度を 0.05 とする)

(3) 5×10^{-2}mol/L の硫酸水溶液(電離度を 1 とする)

(4) 1×10^{-2}mol/L の水酸化ナトリウム水溶液(電離度を 1 とする)

解答 (1) モル濃度に価数と電離度をかければ，酸の溶液中の水素イオン濃度が求められる。塩酸は[①]価の酸であるから，

$[H^+]=1\times10^{-3}$mol/L×1×1

$=1\times10^{-3}$mol/L 答

pH=3 答

(2) 酢酸は[②]価の酸であるから，

$[H^+]=2\times10^{-3}$mol/L×1×0.05

$=1\times10^{-4}$mol/L 答

pH=4 答

(3) 硫酸は 2 価の酸であるから

$[H^+]=5\times10^{-2}$mol/L×2×1

$=1\times10^{-1}$mol/L 答

pH=1 答

(4) モル濃度に価数と電離度をかければ，塩基の溶液中の水酸化物イオン濃度が求められる。水酸化ナトリウムは 1 価の塩基であるから，

$[OH^-]=1\times10^{-2}$mol/L×1×1

$=1\times10^{-2}$mol/L 答

類題 1 次の 3 つの水溶液を，モル濃度の大きい順に並べよ。

(ア) pH = 3 の塩酸(電離度を 1 とする)

(イ) pH = 3 の硫酸水溶液(電離度を 1 とする)

(ウ) pH = 3 の酢酸水溶液(電離度を 0.02 とする)

例題 ❷ 中和と酸・塩基の質量(➡ p.65)

水酸化ナトリウム 8.0g を過不足なく中和するのに必要な硫酸の質量は何 g か。

解答 (NaOH の価数 × 物質量) = (H_2SO_4 の価数 × 物質量) より，必要とする硫酸を x[g]とすれば，

$$1\times\frac{8.0\text{g}}{[③\quad]\text{g/mol}}=[④\quad]\times\frac{x[\text{g}]}{[⑤\quad]\text{g/mol}}$$

よって，x=[⑥]g 答

類題 2 硫酸 9.8g を過不足なく中和するのに必要なアンモニアの体積は，標準状態で何 L か。また，その質量は何 g か。

原子量 H = 1.0，N = 14，O = 16，Na = 23，S = 32

例題 ③ 中和反応の量的関係(➡ p.65, 68)

(1) 1.0mol/L の水酸化ナトリウム水溶液 20mL を中和するのに，0.80mol/L の塩酸が何 mL 必要か。

(2) 1.0mol/L の塩酸 100mL とちょうど反応する水酸化カルシウムは何 g か。

解答 (1) 酸と塩基の「価数×モル濃度〔mol/L〕×体積〔L〕」が等しくなって，過不足なく中和が完了する。

必要な塩酸の量を x〔mL〕とすると，

$$\mathrm{NaOH}: 1 \times 1.0\,\mathrm{mol/L} \times \frac{[①\quad]\,\mathrm{mL}}{1000\,\mathrm{mL}}$$

$$\mathrm{HCl}: [②\quad] \times 0.80\,\mathrm{mol/L} \times \frac{x\,[\mathrm{mL}]}{1000\,\mathrm{mL}}$$

等しい

$x = $〔③　　〕mL　答

(2) 塩基の量は「価数×物質量〔mol〕」で表せばよい。反応する水酸化カルシウムを y〔g〕とすると，

$$\mathrm{HCl}: 1 \times 1.0\,\mathrm{mol/L} \times \frac{100\,\mathrm{mL}}{1000\,\mathrm{mL}}$$

$$\mathrm{Ca(OH)_2}: [④\quad] \times \frac{y\,[\mathrm{g}]}{[⑤\quad]\,\mathrm{g/mol}}$$

等しい

$y = $〔⑥　　〕g　答

類題 3　ある濃度の水酸化ナトリウム水溶液 10mL と，0.10mol/L の塩酸 8.0mL がちょうど過不足なく反応した。この水酸化ナトリウム水溶液のモル濃度を求めよ。

例題 ④ 発展 中和と塩の水溶液の性質(➡ p.66)

次の(1)，(2)の水溶液は，酸性，中性，塩基性のいずれを示すか。

(1) 0.2mol/L NH_3 水溶液 10mL に，0.1mol/L H_2SO_4 水溶液 10mL を加えた。

(2) 0.1mol/L Na_2CO_3 水溶液 20mL に，0.1mol/L HCl 水溶液 20mL を加えた。

解答 (1) $1 \times 0.2\,\mathrm{mol/L} \times \dfrac{10\,\mathrm{mL}}{1000\,\mathrm{mL}}$

$$= 2 \times 0.1\,\mathrm{mol/L} \times \frac{10\,\mathrm{mL}}{1000\,\mathrm{mL}}$$

より，アンモニアと硫酸は過不足なく中和されて〔⑦　　〕水溶液となっているが，アンモニアは〔⑧　　〕，硫酸は〔⑨　　〕であるため，水溶液は酸性を示す。　答

(2) 弱酸である炭酸の塩に強酸の塩酸を加えると弱酸が遊離するが，加えた塩酸が必要量の半分(炭酸ナトリウムと同じ物質量)であるため，反応後は炭酸水素ナトリウムと塩化ナトリウムの水溶液となっている。

$$\mathrm{Na_2CO_3 + HCl \longrightarrow NaHCO_3 + NaCl}$$

塩化ナトリウムの水溶液は中性，炭酸水素ナトリウムの水溶液は〔⑩　　〕性を示すので，この水溶液は〔⑪　　〕性を示す。　答

類題 4　同じモル濃度の溶液を同量ずつ混合したとき，酸性を示すのは次のうちどれか。

(ア) 塩酸と水酸化ナトリウム水溶液

(イ) 硫酸と水酸化カルシウム水溶液

(ウ) 塩酸とアンモニア水

(エ) 酢酸と水酸化ナトリウム水溶液

原子量　H = 1.0，O = 16，Ca = 40

定期テスト対策問題

1 ブレンステッド・ローリーの酸・塩基の定義 次の□に適当な語，イオンを表す化学式を記入せよ。

HX(酸)を水に溶かしたときの反応は，次のようになる。

$$HX + H_2O \rightleftarrows H_3O^+ + X^-$$

ブレンステッド・ローリーの定義によると，HX は H_2O に H^+ を与えているから[a]であり，一方，H_2O は HX から H^+ を受け取るから[b]である。また，逆向きの反応を考えると，[c]は H^+ を与えるから，[d]であり，[e]は H^+ を受け取るから[f]である。

2 pH 次の問いに答えよ。

(1) pH = 2 の水溶液の$[H^+]$は，pH = 6 の水溶液の$[H^+]$の何倍か。

(2) pH = 2 の希塩酸を水で 100 倍に薄めると，水溶液中の$[H^+]$はもとの何倍になるか。

3 中和 次の問いに答えよ。

(1) NaOH 6.0g を中和するのに必要な HCl は何 mol か。

(2) NaOH 4.0g を中和するのに必要な 2.0mol/L 塩酸は何 mL か。

4 溶液の pH 次の①～④の溶液を，pH が大きいものから順に並べ，番号で示せ。

① 0.10mol/L の塩酸 20mL に 0.20mol/L の水酸化ナトリウム水溶液 20mL を加えた溶液

② 0.10mol/L の硫酸 20mL に 0.20mol/L の水酸化ナトリウム水溶液 20mL を加えた溶液

③ 0.10mol/L の酢酸水溶液 20mL に 0.20mol/L の水酸化カリウム水溶液 10mL を加えた溶液

④ 0.10mol/L の塩酸 10mL に 0.10mol/L の硝酸 10mL を加えたのち，さらに 0.10mol/L の水酸化ナトリウム水溶液 10mL を加えた溶液

5 質量パーセント濃度と中和 濃度 25％のアンモニア水の密度は 0.85g/cm^3 である。次の問いに答えよ。

(1) このアンモニア水のモル濃度はいくらか。

(2) このアンモニア水を 10 倍に薄めた水溶液 10mL を中和するのに必要な 1.0mol/L 硫酸は何 mL か。

1
(a)
(b)
(c)
(d)
(e)
(f)

2
(1)
(2)

3
(1)
(2)

4

5
(1)
(2)

原子量 H = 1.0，N = 14，O = 16，Na = 23

6 **塩の水溶液** 次の物質を水に入れたとき，その水溶液が酸性を示すもの，塩基性を示すもの，中性であるものに分類し，化学式で答えよ。

炭酸水素ナトリウム，塩化アンモニウム，硝酸カリウム，
硫酸銅(Ⅱ)，酢酸ナトリウム，二酸化炭素，酸化カルシウム

7 **中和滴定** 次の文中の(　　)に，適当な語句または数値を入れよ。ただし，食酢中の酸は酢酸のみであるとする。

食酢を10倍に薄めた水溶液10.0mLを(ア)で正確にはかり取り，(イ)に移し，指示薬として(ウ)溶液を加えたのち，(エ)から0.10mol/Lの水酸化ナトリウム水溶液を滴下したところ，8.0mLで溶液の(オ)色が消えなくなったので，この水溶液の濃度は(カ)mol/Lとわかった。したがって，食酢の密度を1.0g/cm^3とすると，薄める前の食酢中の酢酸の質量パーセント濃度は(キ)%と求められた。

8 **中和滴定(沈殿滴定)** 水酸化バリウム6.84gを含む水溶液200mLに，ある濃度の硫酸を加えていくと，加えた硫酸の量と生成した沈殿の量は，右図のような関係になった。以下の問いに答えよ。

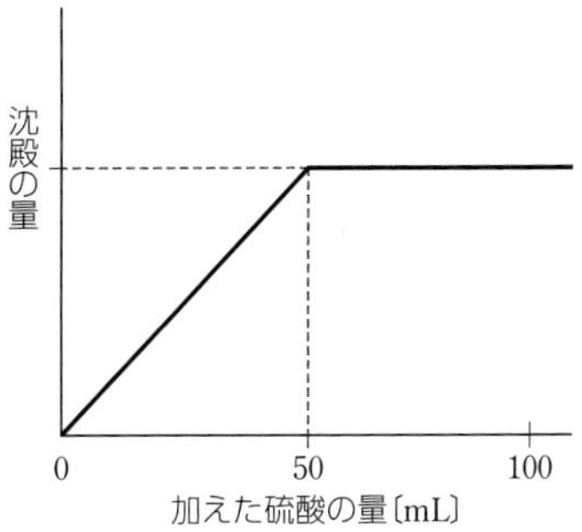

(1) 生成した沈殿の化学式を記せ。
(2) 硫酸25mLを加えたときに生成した沈殿の量は何gか。
(3) この硫酸のモル濃度はいくらか。
(4) 水溶液に電極を入れてこの滴定を行ったとき，電気が最も通りにくくなるのは，硫酸を何mL加えたときか。
(5) この反応で，硫酸の代わりにモル濃度が5倍の酢酸水溶液を用いた場合，中和に要する体積は何mLか。ただし，この酢酸の電離度は0.01とする。

6
(酸性)
(塩基性)
(中性)

7
(ア)
(イ)
(ウ)
(エ)
(オ)
(カ)
(キ)

8
(1)
(2)
(3)
(4)
(5)

原子量 H = 1.0, C = 12, O = 16, S = 32, Ba = 137

6 酸化還元反応

① 酸化・還元の概念を，酸素・水素・電子のやりとり，そして酸化数の変化から理解しよう。
② 酸化剤・還元剤の種類とはたらきを理解し，酸化剤と還元剤の反応を化学反応式で書けるようになろう。また，その量的関係についても理解しよう。

1 酸化と還元

A 酸化・還元の定義

a 酸化[1]**・還元**[2]　酸化・還元は，酸素のやりとり，水素のやりとり，電子のやりとりによって説明される。

	酸化(される)	還元(される)
酸素 O	酸素を受け取る。 例 $2Cu + O_2 \longrightarrow 2$ [①　　]	酸素を失う。 例 $CuO + H_2 \longrightarrow$ [②　　] $+ H_2O$
水素 H	水素を失う。 例 $2H_2S + O_2 \longrightarrow 2$ [③　　] $+ 2H_2O$	水素を受け取る。 例 $Cl_2 + H_2 \longrightarrow 2$ [④　　]
電子[3] e^-	物質が電子を [⑤　　]。 例 $Na \longrightarrow$ [⑥　　] $+ e^-$ $2Cl^- \longrightarrow$ [⑦　　] $+ 2e^-$	物質が電子を [⑧　　]。 例 $Ag^+ + e^- \longrightarrow$ [⑨　　] $Cl_2 + 2e^- \longrightarrow 2$ [⑩　　]

b 酸化還元反応　電子を失う([⑪　　]される)物質があれば，必ずそれを受け取る([⑫　　]される)相手の物質がある。このことは酸素・水素のやりとりについても同じである。

　したがって，1つの反応では**酸化と還元はいつも同時に起こる**。このような反応を [⑬　　] 反応という。

e^-を奪う ＝(受け取る) 還元される
e^-を失う ＝ 酸化される
e^-
酸化還元反応

例 $CuO + H_2 \longrightarrow Cu + H_2O$
（H_2 は [⑭　　] された → H_2O；CuO は [⑮　　] された → Cu）

酸素や水素をやりとりする反応でも，電子のやりとりが起こっている。

例 $2Cu + O_2 \longrightarrow 2CuO$ $(2Cu^{2+} + 2O^{2-})$
（O_2 は [⑯　　] された[4]；Cu は [⑰　　] された）

$$\begin{cases} 2Cu \longrightarrow 2\,[⑱\quad] + 4e^- \\ O_2 + 4e^- \longrightarrow 2\,[⑲\quad] \end{cases}$$

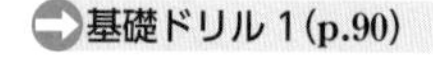

❶「燃焼は物質が空気中の酸素と結びつく**酸化**のことである」と初めて説明したのは，ラボアジエ(フランス)である。

❷**還元**という用語は，もとにかえることを意味し，酸化物が酸素を失ってもとにもどることに用いられた。

❸酸化・還元を電子のやりとりで考えると，さまざまな反応を説明できる。

❹銅が酸化され，酸素は還元されている。

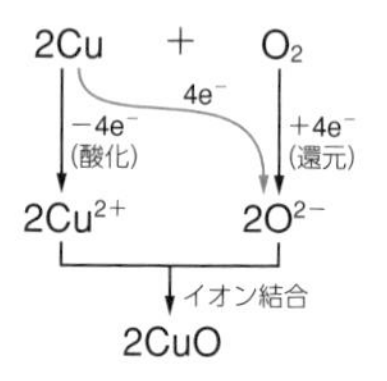

B 酸化・還元と酸化数

➡基礎ドリル 2, 3, 4 (p.90)

a 酸化数　物質中の原子1個の酸化の程度を表す数値で，電子のやりとりのようすを示すために使われる。すなわち，酸化数が増えている原子は[①　　　]され，逆に減っている原子は[②　　　]されている。

b 酸化数の決め方

(1)	単体中の原子	酸化数＝[③　　　]❶	例 Na, Cu, Cl_2, O_2（0, 0, 0, 0）
(2)	単原子イオン	酸化数＝イオンの電荷	例 Na^+, Cu^{2+}, Cl^-, O^{2-}（+1, +2, [④　　　], [⑤　　　]）
(3)	化合物中のH原子とO原子	H原子の酸化数＝[⑥　　　] O原子の酸化数＝[⑦　　　] (ただし，例外もある❷)	例 H_2O（+1 −2）, HCl（+1）, NH_3 [⑧　　　], CO_2 [⑨　　　] 例外 H_2O_2 [⑩　　　], NaH [⑪　　　], CaH_2 [⑫　　　]
(4)	化合物を構成する原子	酸化数の総和＝[⑬　　　]	例 CO_2（+4 −2）　$(+4)\times1+(-2)\times2=0$
(5)	多原子イオン	酸化数の総和＝多原子イオンの電荷	例 SO_4^{2-}（+6 −2）　$(+6)\times1+(-2)\times4=-2$

表の(1)〜(5)を用いて，未知の原子の酸化数を計算することができる。

例 (a) H_2SO_4 のSの酸化数を求める場合，それを x とすると

$(+1)\times2+x+(-2)\times4=0$　（(3)　(3)　(4)）　よって，$x=$[⑭　　　]

(b) NH_4^+ のNの酸化数を求める場合，それを y とすると

$y+(+1)\times4=$[⑮　　　]　（(3)　(5)）　よって，$y=$[⑯　　　]

c 酸化数の変化と酸化・還元　① 化学反応の前後で，酸化数が❸
- [⑰　　　]している原子またはそれを含む物質は，酸化されたといい，
- [⑱　　　]している原子またはそれを含む物質は，還元されたという。

② 1つの反応で，

酸化数の増加の総和の絶対値 ＝ 酸化数の減少の総和の絶対値

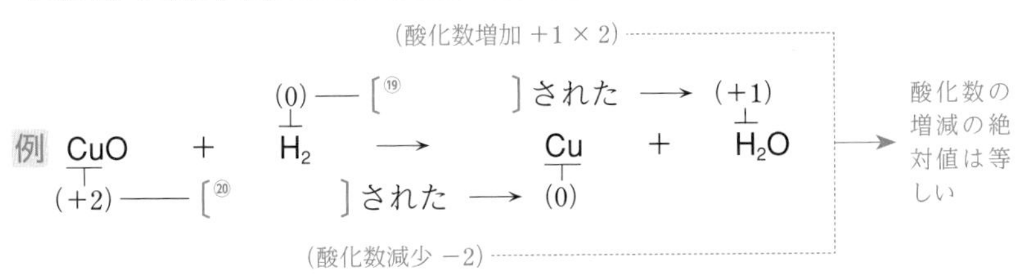

C 酸化・還元のまとめ

反応	酸素	水素	電子	酸化数
酸化(される)	受け取る	[㉑　　　]	[㉓　　　]	[㉕　　　]
還元(される)	失う	[㉒　　　]	[㉔　　　]	[㉖　　　]

❶ 単体中の原子間には，電子のかたよりがないので，酸化数は0であると考える。

❷ 共有結合をしている原子の酸化数を決めるときには，共有電子対の電子が電気陰性度の大きい原子のほうへ完全に移動したイオンと仮定して決める。

例 H_2O
H^+ $[:\ddot{O}:]^{2-}$ H^+
+1　−2　+1

H_2O_2
H^+ $[:\ddot{O}:\ddot{O}:]^{2-}$ H^+
+1　−1 −1　+1

金属の水素化物では，電子は水素にかたより，多くの場合，H^- になっている。

例 NaH
$Na^+[:H]^-$
+1　−1

❸ 化学反応の前後で，酸化数が変化した原子がない場合は，酸化還元反応ではない。

➡例題1 (p.90)

2 酸化剤と還元剤

A 酸化剤・還元剤とそのはたらき

a 酸化剤と還元剤

酸化剤❶：相手の物質を［①　　　］する。自身は［②　　　］される。
還元剤❶：相手の物質を［③　　　］する。自身は［④　　　］される。

［⑤　　　］剤＋［⑥　　　］剤 ⟶ 生成物 A＋生成物 B
（⑥剤→生成物B：酸化された）
（⑤剤→生成物A：還元された）

❶酸化剤自身は還元されやすい物質であり，還元剤自身は酸化されやすい物質である。

B 酸化剤・還元剤の反応式のつくり方

➡基礎ドリル 5 (p.91)

a 酸化剤の反応式　硫酸で酸性❷にした過マンガン酸カリウム水溶液を例に考えてみる。

① 反応の前後で酸化数の変化した物質を書く。　MnO_4^- ⟶ Mn^{2+}❸
② 酸化数の変化に相当する数の電子 e^- を左辺に加える。　［⑦　　　］　［⑧　　　］
③ 両辺の電荷を合わせるように，水素イオン H^+ を加える。
④ 両辺の O の数をそろえるように，H_2O を書く。

MnO_4^- ＋［⑨　　］H^+ ＋［⑩　　］e^- ⟶ Mn^{2+} ＋［⑪　　］H_2O

　還元剤の場合も同様の手順で反応式をつくることができる。ただし，還元剤は電子を失うため，②で右辺に電子を加える。

❷溶液を酸性にするには，硫酸を用いることが多い。

❸中性，塩基性溶液中では，MnO_2 に還元される。

C 酸化剤・還元剤のはたらきを示す反応式

a おもな酸化剤❹

物質	はたらきを示す反応式
過マンガン酸カリウム $KMnO_4$	MnO_4^- ＋ $8H^+$ ＋ $5e^-$ ⟶［⑫　　］＋ $4H_2O$
二クロム酸カリウム $K_2Cr_2O_7$	$Cr_2O_7^{2-}$ ＋ $14H^+$ ＋ $6e^-$ ⟶ 2［⑬　　］＋ $7H_2O$
ハロゲン X_2(例えば Cl_2)	Cl_2 ＋ $2e^-$ ⟶ 2［⑭　　］
濃硝酸 HNO_3	HNO_3 ＋ H^+ ＋ e^- ⟶［⑮　　］＋ H_2O
希硝酸 HNO_3	HNO_3 ＋ $3H^+$ ＋ $3e^-$ ⟶［⑯　　］＋ $2H_2O$
熱濃硫酸 H_2SO_4	H_2SO_4 ＋ $2H^+$ ＋ $2e^-$ ⟶［⑰　　］＋ $2H_2O$
オゾン O_3	O_3 ＋ $2H^+$ ＋ $2e^-$ ⟶［⑱　　］＋ H_2O

b おもな還元剤❹

物質	はたらきを示す反応式
硫化水素 H_2S	H_2S ⟶ $2H^+$ ＋［⑲　　］＋ $2e^-$
シュウ酸 $(COOH)_2$	$(COOH)_2$ ⟶ 2［⑳　　］＋ $2H^+$ ＋ $2e^-$
塩化スズ(Ⅱ) $SnCl_2$	Sn^{2+} ⟶［㉑　　］＋ $2e^-$
硫酸鉄(Ⅱ) $FeSO_4$	Fe^{2+} ⟶［㉒　　］＋ e^-
陽性の大きな金属(例えば Na)	Na ⟶［㉓　　］＋ e^-

❹反応式は，その物質が何に変化するのかを知っていれば，上記Bの順序でつくることができる。したがって，反応式全体を覚える必要はない。

c 酸化剤にも還元剤にもなる物質

過酸化水素 H_2O_2 ❶	酸化剤	$H_2O_2 + 2H^+ + 2e^- \longrightarrow 2H_2O$
	還元剤	$H_2O_2 \longrightarrow O_2 + 2H^+ + 2e^-$
二酸化硫黄 SO_2 ❶	酸化剤	$SO_2 + 4H^+ + 4e^- \longrightarrow S + 2H_2O$
	還元剤	$SO_2 + 2H_2O \longrightarrow SO_4^{2-} + 4H^+ + 2e^-$

❶ H_2O_2 の O や SO_2 の S は，最高および最低酸化数に達していない中間の酸化数の物質なので，H_2O_2 や SO_2 は酸化剤としても還元剤としてもはたらく。

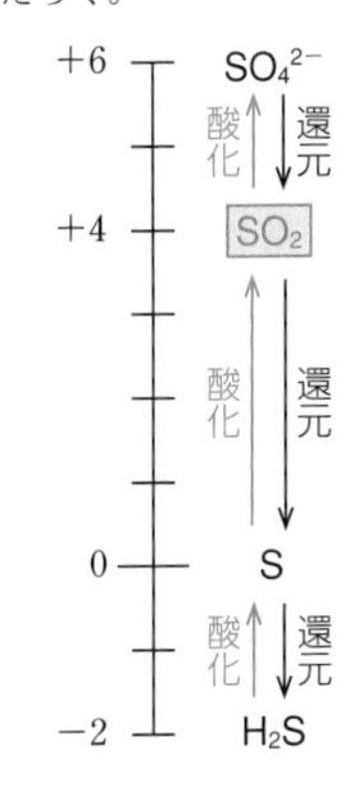

➡基礎ドリル 6 (p.91)

➡例題 2, 3 (p.92, 93)

D 酸化剤と還元剤の反応

a 酸化還元反応の化学反応式のつくり方

> 酸化剤の反応式（e^- を含む式）
> 還元剤の反応式（e^- を含む式）
> ── e^-の数が等しくなるようにして，2つの反応式を組み合わせる。

例 過マンガン酸カリウムとシュウ酸の反応（硫酸酸性溶液中）

［①　　　　］剤：$MnO_4^- + 8H^+ + 5e^- \longrightarrow Mn^{2+} + 4H_2O$ (1)

［②　　　　］剤：$(COOH)_2 \longrightarrow 2CO_2 + 2H^+ + 2e^-$ (2)

やりとりする e^- の数が等しくなるように，それぞれを整数倍してから2つの式を加える（両辺共通のものを消去）。

(1)×［③　］：［④　］MnO_4^- +［⑤　］H^+ +［⑥　］e^- ⟶［⑦　］Mn^{2+} +［⑧　］H_2O

(2)×［⑨　］：［⑩　］$(COOH)_2$ ⟶［⑪　］CO_2 +［⑫　］H^+ +［⑬　］e^- （+

$$2MnO_4^- + 5(COOH)_2 + 6H^+ \longrightarrow 2Mn^{2+} + 10CO_2 + 8H_2O$$

このイオン反応式の両辺に K^+ と SO_4^{2-} を加えると，次式が得られる。

$$2KMnO_4 + 5(COOH)_2 + 3H_2SO_4 \longrightarrow 2MnSO_4 + K_2SO_4 + 10CO_2 + 8H_2O$$

b 酸化還元反応の量的関係

酸化還元反応においては，次の関係が成りたつ。

> 酸化剤が受け取る e^- の物質量＝還元剤が失う e^- の物質量

c 酸化還元滴定

酸化還元反応の量的関係を利用すると，濃度がわからない酸化剤（還元剤）を，正確な濃度がわかっている還元剤（酸化剤）と反応させることで，その濃度を求めることができる。このような操作を［⑭　　　　　　　　］という。

例 $KMnO_4$ と $(COOH)_2$ との反応について考えてみる❷。

$KMnO_4$：濃度 c〔mol/L〕，体積 V〔mL〕
$(COOH)_2$：濃度 c'〔mol/L〕，体積 V'〔mL〕
── これらがちょうど過不足なく反応したとすると，

MnO_4^- および $(COOH)_2$ の物質量は下の｛　｝ⁱ，｛　｝ⁱⁱ である。上記 a の(1)，(2)式から，e^- の物質量はその5倍と2倍であり，次式が成立する。

> ｛c〔mol/L〕× V〔L〕｝ⁱ × 5 ＝｛［⑮　　］〔mol/L〕×［⑯　　］〔L〕｝ⁱⁱ × 2

したがって，濃度 c' の値が未知であるとき，c と V を定めて滴定によって V' の値を求めれば，c' の値を計算によって求めることができる。

❷ $(COOH)_2$ を $KMnO_4$ 水溶液（赤紫色）で滴定すると，$KMnO_4$ 水溶液の赤紫色が消えずに残るので，滴定の終点を判断できる。

3 金属の酸化還元反応—イオン化傾向と単体の性質

A 金属のイオン化

a 金属のイオン化　金属原子は，いくつかの電子を失って[①　　]イオンになる❶。

例 マグネシウムは2個の電子を失う。

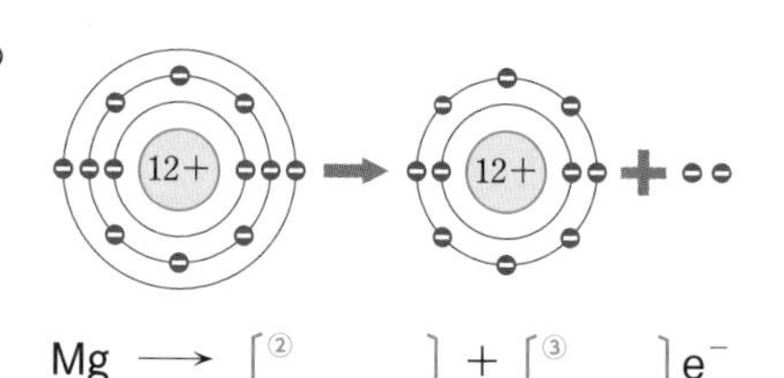

Mg ⟶ [②　　] + [③　　] e^-

❶金属の単体は還元剤である。

B 金属のイオン化傾向

➡基礎ドリル7(p.91)

a 金属のイオン化傾向　金属の原子が，水または水溶液中で[④　　]を放出して[⑤　　]イオンになる性質を，金属の[⑥　　　　]という。

b イオン化傾向の大小と酸化・還元❷

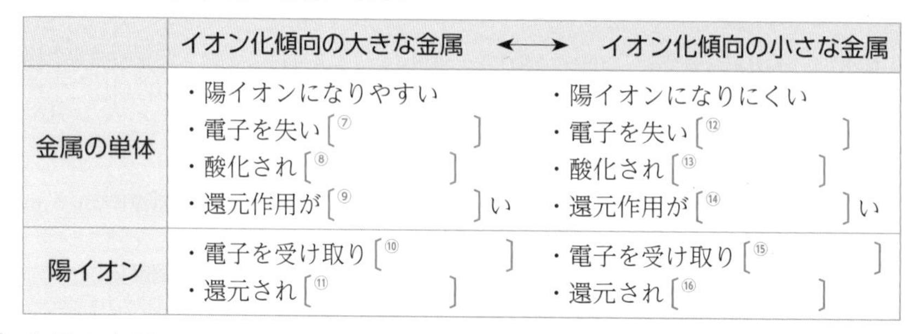

	イオン化傾向の大きな金属 ⟷	イオン化傾向の小さな金属
金属の単体	・陽イオンになりやすい ・電子を失い[⑦　　　] ・酸化され[⑧　　　] ・還元作用が[⑨　　　]い	・陽イオンになりにくい ・電子を失い[⑫　　　] ・酸化され[⑬　　　] ・還元作用が[⑭　　　]い
陽イオン	・電子を受け取り[⑩　　　] ・還元され[⑪　　　]	・電子を受け取り[⑮　　　] ・還元され[⑯　　　]

❷金属の種類によって，還元剤としての強さ(陽イオンへのなりやすさ)に差があることを意味する。

c 金属と金属イオンの反応　イオン化傾向の大きな金属を，イオン化傾向の小さな金属の陽イオンの水溶液に入れると，次のような反応が起こる❸。

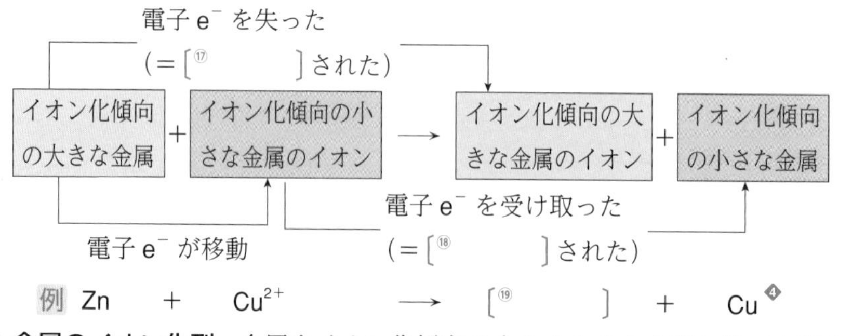

例 Zn ＋ Cu^{2+} ⟶ [⑲　　] ＋ Cu❹

❸イオン化傾向の大きな金属が陽イオンとなって溶け出し，イオン化傾向の小さな金属の陽イオンが電子を受け取って析出してくる。

❹電子の授受を別々に書くと次式となる。

$Zn \longrightarrow Zn^{2+} + 2e^-$

$Cu^{2+} + 2e^- \longrightarrow Cu$

d 金属のイオン化列　金属をイオン化傾向の大きなものから順に並べた列を金属の[⑳　　　　]という。

金属のイオン化列　(大 ← イオン化傾向 → 小)

金属および陽イオンの酸化・還元のされやすさとイオン化列との関係は，次のようになる。

金属の単体は酸化されやすい ⟵　　⟶ 金属の単体は酸化されにくい

酸化↓	Li	K	Ca	[㉑]	Mg	[㉒]	[㉓]	Fe	Ni	Sn	[㉔]	(H_2)	[㉕]	Hg	Ag	Pt	Au	
	↓↑	↓↑	↓↑	↓↑	↓↑	↓↑	↓↑	↓↑	↓↑	↓↑	↓↑	↓↑	↓↑	↓↑	↓↑	↓↑	↓↑	
	Li^+	K^+	Ca^{2+}	[㉖]	Mg^{2+}	[㉗]	[㉘]	Fe^{2+}	Ni^{2+}	Sn^{2+}	[㉙]	(H^+)	[㉚]	Hg_2^{2+}	Ag^+	Pt^{2+}	Au^{3+}	↑還元

陽イオンは還元されにくい ⟵　　⟶ 陽イオンは還元されやすい

C 金属と水・空気との反応

a 金属と水との反応 ① イオン化傾向の大きなLi, K, Ca, Naなどは，常温でも水と反応して[①　　　]になり，このとき[②　　　]を発生。

例 $2Na + 2H_2O \longrightarrow 2$[③　　　] + [④　　　]↑

② Mgは，常温の水とはほとんど反応しないが，熱水と反応して[⑤　　　]を発生。 $Mg + 2H_2O \longrightarrow$ [⑥　　　] + [⑦　　　]↑

③ Al, Zn, Feなどは，高温の水蒸気と反応して酸化物になり，このとき[⑧　　　]を発生。 例 $Zn + H_2O \longrightarrow$ [⑨　　　] + [⑩　　　]↑

④ Niやそれよりもイオン化傾向の小さい金属は，水とほとんど反応しない❶。

b 金属と空気の反応 ① イオン化傾向の大きなLi, K, Ca, Naなどは，乾いた空気中でも速やかに酸素と反応して酸化物になる。

例 $4Na + O_2 \longrightarrow 2$[⑪　　　]

② Mg, Al, Znなどは，常温で空気中に放置すると，表面に[⑫　　　]の被膜をつくる。また，MgやAlの粉末や箔(はく)を強熱すると燃える。

$2Mg + O_2 \longrightarrow 2$[⑬　　　]　$4Al + 3O_2 \longrightarrow 2$[⑭　　　]

❶加熱したCuOにH_2を作用させると，還元されてCuになる(→p.76)。
$CuO + H_2 \longrightarrow Cu + H_2O$
この反応では，イオン化傾向が大きな金属で起こる「金属 + H_2O ⟶ 金属酸化物 + H_2」の反応が，イオン化傾向の小さなCuでは逆向きに進み，CuOは酸化剤になることを示している。

D 金属と酸との反応

① [⑮　　　]よりもイオン化傾向の大きな金属は，塩酸や希硫酸などの酸と反応して溶け，[⑯　　　]を発生する❷。

例 $Zn + 2H^+ \longrightarrow$ [⑰　　　] + [⑱　　　]↑

② イオン化傾向が[⑲　　　]よりも小さい金属は，これらの酸とは反応しない。

③ イオン化傾向が水素より小さい金属のうち，Cu, Hg, [⑳　　　]は，硝酸や加熱した濃硫酸([㉑　　　　])などの酸と反応して，水素以外の気体を発生する。

例 銅と希硝酸　$3Cu + 8HNO_3 \longrightarrow 3Cu(NO_3)_2 + 2NO$↑❸ $+ 4H_2O$
　銅と濃硝酸　$Cu + 4HNO_3 \longrightarrow Cu(NO_3)_2 + 2NO_2$↑❹ $+ 2H_2O$
　銅と熱濃硫酸　$Cu + 2H_2SO_4 \longrightarrow CuSO_4 + SO_2$↑❺ $+ 2H_2O$

④ Pt, Auは硝酸や熱濃硫酸にも溶けない。しかし，[㉒　　　](濃硝酸と濃塩酸の体積比 1：3 の混合物)には溶ける。

❷Pbは，水に難溶性の$PbCl_2$や$PbSO_4$ができるので，塩酸や希硫酸と反応しにくい。
Al, Fe, Niは，希硝酸には溶けるが，濃硝酸には金属表面に緻密な酸化被膜(不動態)をつくるので溶けにくい。

❸一酸化窒素NO
：無色の気体

❹二酸化窒素NO_2
：赤褐色，刺激臭の気体

❺二酸化硫黄SO_2
：無色，刺激臭の気体

▼表　金属のイオン化傾向と金属の単体の性質

p.80に示した「イオン化列」→	Li	K	Ca	Na	Mg	Al	Zn	Fe	Ni	Sn	Pb	(H_2)	Cu	Hg	Ag	Pt	Au
空気との反応	常温で速やかに酸化される				加熱により酸化される		強熱により酸化される									反応しない	
水との反応	常温で反応してH_2を発生				高温の水蒸気と反応してH_2を発生*1			反応しない									
酸との反応	塩酸や希硫酸などと反応してH_2を発生*2											硝酸，熱濃硫酸と反応する*3				王水に溶ける	

*1 Mgは熱水と反応してH_2を発生する。　*2 Pbは塩酸・硫酸とは反応しにくい。　*3 Al, Fe, Niは濃硝酸とは反応しにくい。

金属のイオン化傾向

イオン化傾向の大きな金属を，イオン化傾向の小さな金属の陽イオンを含む水溶液に入れると反応する(→ p.80)。この性質を利用して，金属のイオン化傾向を調べる。

【実験】次の組合せで，金属塩の水溶液に金属片を浸して放置する。

① 酢酸鉛(Ⅱ)$(CH_3COO)_2Pb$ 水溶液の中に亜鉛

② 硫酸銅(Ⅱ)$CuSO_4$ 水溶液の中に鉄くぎ

③ 硝酸銀 $AgNO_3$ 水溶液の中に銅線

①　亜鉛　酢酸鉛(Ⅱ)水溶液　鉛樹
②　鉄くぎ　硫酸銅(Ⅱ)水溶液(青)　銅が析出　水溶液の青色は薄くなる
③　銅線　硝酸銀水溶液　銀樹　水溶液は青くなる

【結果】① 亜鉛のまわりに[①]の結晶が樹木の枝のように成長する(鉛樹)。

② 鉄くぎのまわりに[②]が析出する。また，水溶液の色は[③]。

③ 銅線のまわりに[④]の結晶が樹木の枝のように成長する(銀樹)。また，水溶液の色は[⑤]。

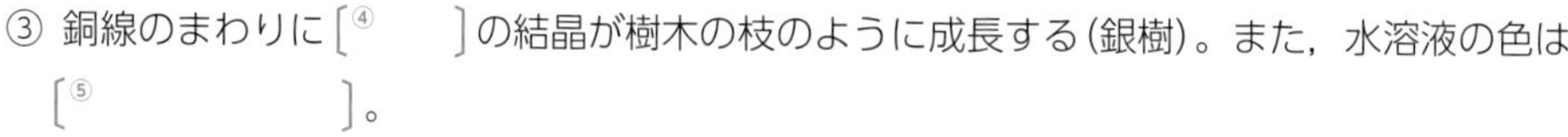

【考察】①～③のそれぞれの化学変化をイオン反応式で書くと，次のようになる[1)]。

① $Pb^{2+} + Zn \longrightarrow$ [⑥] + [⑦]

　イオン化傾向は，[⑧] > [⑨]

② $Cu^{2+} + Fe \longrightarrow$ [⑩] + [⑪]

　イオン化傾向は，[⑫] > [⑬]

水溶液の青色が薄くなったのは，水溶液中の[⑭]の濃度が減少したため。

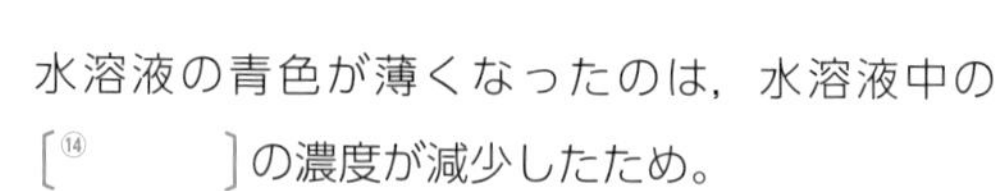

③ $2Ag^{+} + Cu \longrightarrow 2$[⑮] + [⑯]

　イオン化傾向は，[⑰] > [⑱]

水溶液が青味を帯びてくるのは，[⑲]が溶け出たため。

1) これらの反応は電子のやりとり(酸化還元反応→ p.76)である。

$$\left.\begin{array}{l} Zn \longrightarrow Zn^{2+} + 2e^- \\ Pb^{2+} + 2e^- \longrightarrow Pb \end{array}\right\} Pb^{2+} + Zn \longrightarrow Pb + Zn^{2+}$$

ブリキとトタン

金属の腐食　金属は使用しているうちにその一部が酸化されて，酸化物・水酸化物・炭酸塩などに変わっていくことがある。これを[⑳]という。金属のさびを防ぐために，表面を別の金属でおおう方法がある。このような方法を[㉑]という。

① **ブリキ**　鉄 Fe の表面にスズ Sn をめっきしたもの。Sn は Fe よりイオン化傾向が[㉒]く，ブリキは Fe だけのときよりさびにくい。しかし，傷がつくと Fe が露出し，Fe が先に酸化されるので，めっきの効果がなくなる。したがって，ブリキは缶詰の内壁のような傷がつきにくい所に使われる。

② **トタン**　鉄 Fe の表面に亜鉛 Zn をめっきしたもの。Zn は Fe よりイオン化傾向が[㉓]が，Zn は表面に酸化被膜をつくり，内部を保護するので，Fe だけのときよりさびにくい。傷がつき Fe が露出しても，Zn が先に酸化されるので，Fe だけのときよりさびにくい。トタンは，屋外の建材など，水にぬれる所に使われる。

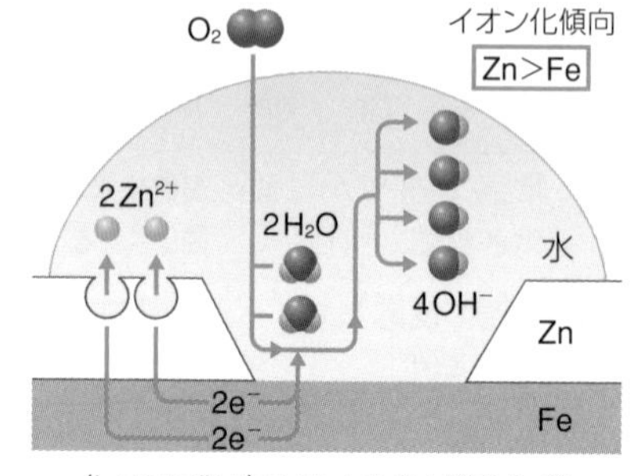

〈トタンに傷がついたときのさびの生成〉

4 酸化還元反応の利用―電池

※この節では，電池の構造や電極の反応など，一部に発展の内容を含んでいます。

A 電池の原理

a 電池　① 電池は，一般に，酸化還元反応によって，化学エネルギーを［①　　　］エネルギーに変換して取り出す装置。

② 2種類の金属を電解質の水溶液に浸して導線でつなぐと，イオン化傾向が大きい金属から小さい金属へ導線を伝わって電子の移動が起こり，電池ができる。イオン化傾向が大きい金属が負極，小さい金属が正極❶。

③ 正極と負極の間に生じる電圧を起電力といい，起電力は両極の金属のイオン化傾向の差が［②　　　］いほど大きい。

④ 電池から電流を流す操作を電池の［③　　　］という。

❶正極および負極を**電極**という。負極では電子を失う反応(酸化)が起こり，導線に向かって電子が流れ出す。一方，正極では導線から電子が流れこみ，電子を受け取る反応(還元)が起こる。

B ダニエル電池

a 構造　(－)Zn | $ZnSO_4$aq | $CuSO_4$aq | Cu(＋)

b 反応　① イオン化傾向が

大きい方の金属 ＝［④　　］が［⑤　　］極
小さい方の金属 ＝［⑥　　］が［⑦　　］極

② 負極で亜鉛が溶け出し，正極に銅が析出。

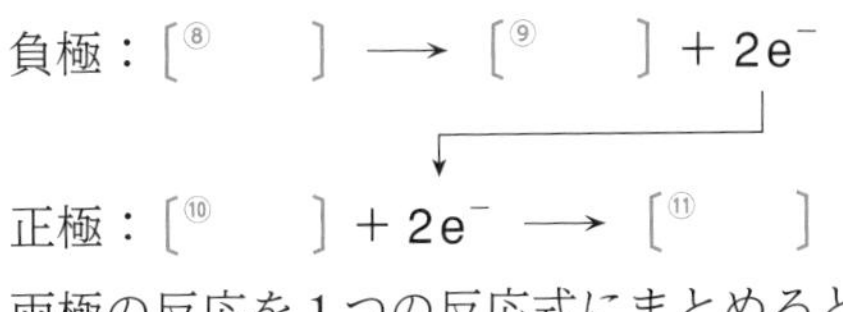

両極の反応を1つの反応式にまとめると，

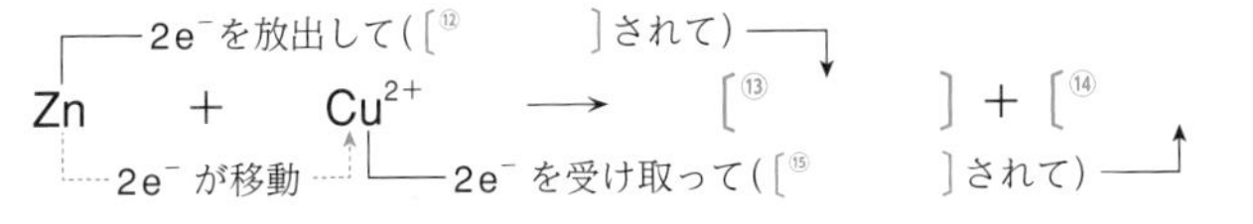

③ 亜鉛 Zn や銅(Ⅱ)イオン Cu^{2+} のように，電池の正極や負極で電子のやりとりをする物質を［⑯　　　］という。

❷電流は正極から負極に流れると定義する。したがって，電流の向きは，電子の流れの向きと逆向きになる。

❸素焼き板は，両側の溶液が混ざるのを防ぐが，非常に小さな穴があいていてイオンは通す。そのため，両側の溶液は電気的に接続されている。

❹Zn は還元剤，Cu^{2+} は酸化剤の役割を果たす。

C 鉛蓄電池

a 構造　(－)Pb | H_2SO_4aq | PbO_2(＋)

b 反応　① 放電させると，負極と正極で次のような反応が起こる。

負極：Pb❺ ＋ SO_4^{2-} ⟶ $PbSO_4$❻ ＋ $2e^-$

2e⁻を放出し，鉛の酸化数は［⑰　　］増える

正極：$PbO_2$❺ ＋ $4H^+$ ＋ SO_4^{2-} ＋ $2e^-$ ⟶ $PbSO_4$ ＋ $2H_2O$

2e⁻を受け取り，鉛の酸化数は［⑱　　］減る

両極の反応を1つの反応式にまとめると，

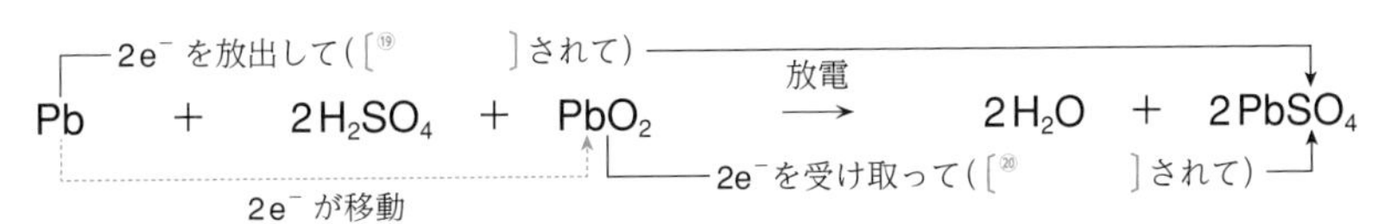

❺鉛 Pb の酸化数の変化

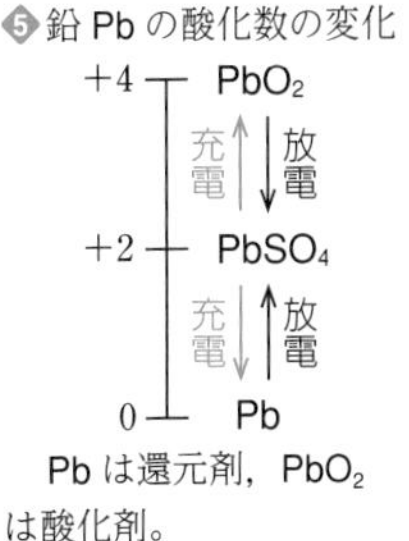

Pb は還元剤，PbO_2 は酸化剤。

❻$PbSO_4$ は水に溶けないので極板に析出する。

② 鉛蓄電池の負極活物質は[①]，正極活物質は[②]である。

③ 電池を外部電源につないで放電とは逆向きに電流を流すと，放電のときとは逆向きの反応が起こり，電池の起電力がもとにもどることがある。これを[③]という❶。

❶外部電源は，鉛蓄電池の起電力よりも大きな電圧が必要である。

c 一次電池と二次電池 鉛蓄電池のように充電してもとの状態にもどし，くり返し使うことのできる電池が[④]電池。乾電池のように，放電すると充電できない電池が[⑤]電池。

D 燃料電池

白金触媒があると，常温でも水素と酸素が反応して水ができる。この反応を利用した電池を[⑥]という。

a 構造(リン酸形) $(-)H_2 | H_3PO_4aq | O_2(+)$

b 反応 燃料電池の負極活物質にはH_2，正極活物質にはO_2が用いられる。

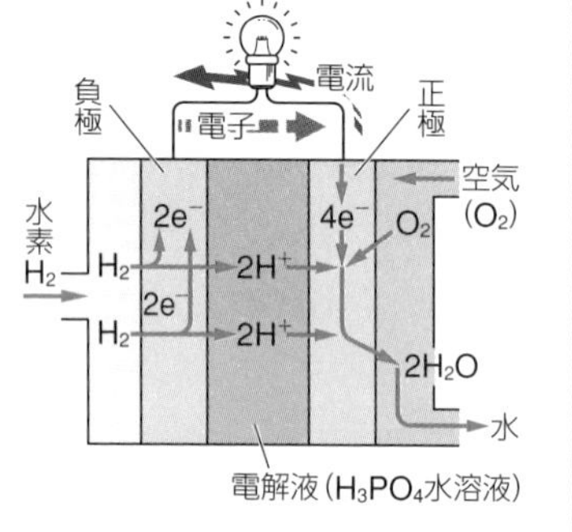

負極：$H_2 \longrightarrow 2H^+ + 2e^-$

正極：$O_2 + 4H^+ + 4e^- \longrightarrow 2H_2O$

両極の反応を1つの反応式にまとめると，

$2H_2 + O_2 \longrightarrow 2H_2O$

この反応は，水素の[⑦]反応と同じである。

E リチウムイオン電池

小型で長寿命といった特徴があり，スマートフォンやノートパソコンなど幅広く使われている。

a 構造 負極活物質にC_6Li_x，正極活物質に$Li_{(1-x)}CoO_2$，電解質にリチウム塩を含んだ有機溶媒を用いた[⑧]次電池。

b 反応 負極と正極の間を[⑨]イオンが移動して充放電が起こるところがリチウムイオン電池の特徴である。

負極：$C_6Li_x \underset{\text{充電}}{\overset{\text{放電}}{\rightleftarrows}} 6C + xLi^+ + xe^-$

正極：$Li_{(1-x)}CoO_2 + xLi^+ + xe^- \underset{\text{充電}}{\overset{\text{放電}}{\rightleftarrows}} LiCoO_2$

発展 # 5 電気分解

A 電気分解のしくみ

a 水溶液の電気分解　電解質の水溶液に電極を浸し，直流の電流を流すと，電極表面で[①　　　]反応が起こる。これが[②　　　][1]である。

> ●[③　　]極(電源の負極につないだ電極)では，電子を受け取る反応＝[④　　　]反応[2]が起こる。
> ●[⑤　　]極(電源の正極につないだ電極)では，電子を失う反応＝[⑥　　　]反応[2]が起こる。

b 塩化銅(Ⅱ)水溶液の電気分解　塩化銅(Ⅱ)は，水溶液中で次のように電離している。

$$CuCl_2 \longrightarrow Cu^{2+} + 2Cl^-$$

陰極：Cu^{2+}は陰極から[⑦　　　]を与えられて([⑧　　　]されて)銅になり，陰極の表面に析出する。

$$Cu^{2+} + 2[⑨　　　] \longrightarrow Cu$$

陽極：Cl^-は陽極に[⑩　　　]を奪われて([⑪　　　]されて)塩素になる。

$$2Cl^- \longrightarrow Cl_2 + 2[⑫　　　]$$

このようにして$CuCl_2$は Cu と Cl_2 とに分解される。

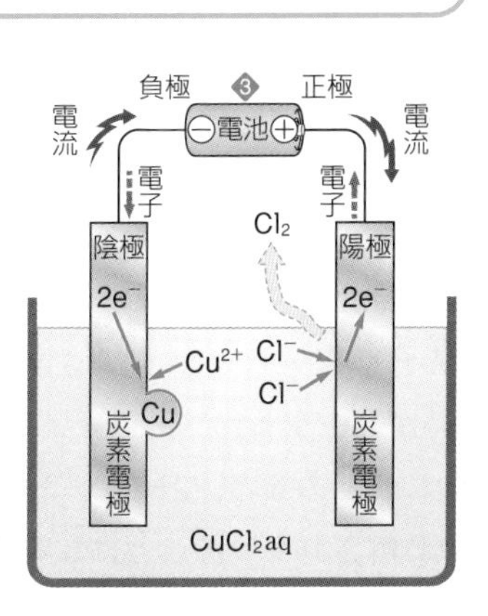

[1] 電気分解のことを，電解ともいう。

[2] 物質が電子を受け取る反応が還元，電子を失う(他に与える)反応が酸化(→ p.76)。

[3] 回路に電源装置があるときは，電気分解を考える。電源装置がないときは電池を考える。

B 電気分解の反応

a 水溶液の電気分解における電極での反応

電極	極板	水溶液中のイオン	反応	
陰極	Pt，C，Cu，Ag	イオン化傾向が[⑬　　　]金属の陽イオン(Ag^+，Cu^{2+}など)	① $Ag^+ + e^- \longrightarrow Ag$	金属が析出
			② $Cu^{2+} + 2e^- \longrightarrow Cu$	
		H^+(酸の水溶液)	③ $2H^+ + 2e^- \longrightarrow$ [⑭　　]	H_2が発生
		イオン化傾向が[⑮　　　]金属の陽イオン(Li^+，K^+，Na^+，Mg^{2+}，Al^{3+}など)	④ $2H_2O + 2e^- \longrightarrow$ [⑯　　] $+ 2OH^-$ (溶媒の水分子が還元される)	
陽極	Pt，C	Cl^-，I^-などのハロゲン化物イオン	⑤ $2Cl^- \longrightarrow Cl_2 + 2e^-$	ハロゲンが生成
			⑥ $2I^- \longrightarrow I_2 + 2e^-$	
		OH^-(塩基の水溶液)	⑦ $4OH^- \longrightarrow 2H_2O +$ [⑰　　] $+ 4e^-$	O_2が発生
		SO_4^{2-}，NO_3^-などの多原子イオン	⑧ $2H_2O \longrightarrow$ [⑱　　] $+ 4H^+ + 4e^-$ (溶媒の水分子が酸化される)	
	Cu，Ag (C または Pt 以外を電極に用いた場合)		⑨ $Cu \longrightarrow Cu^{2+} + 2e^-$	電極が溶解
			⑩ $Ag \longrightarrow Ag^+ + e^-$	

例 水の電気分解

水を電気分解するには，電気が流れやすくなるように，水に NaOH や H_2SO_4 を溶かして行うことが多い❶。

NaOH 水溶液の場合，水溶液中に Na^+，OH^-，H_2O がある。

陰極：Na^+は電子を受け［①　　　　］から，次の反応が起こる。

$2H_2O + 2$［②　］ $\longrightarrow$ ［③　］↑ $+ 2$［④　］ …(ⅰ)

陽極：$4OH^- \longrightarrow 2H_2O +$［⑤　］↑ $+ 4$［⑥　］ …(ⅱ)

(ⅰ)×2＋(ⅱ)より，$2H_2O \longrightarrow 2$［⑦　］↑ ＋［⑧　］↑

また，希硫酸の場合，次のような反応が起こる。

陰極：$2H^+ + 2e^- \longrightarrow H_2$ ↑

陽極：$2H_2O \longrightarrow O_2$ ↑ $+ 4H^+ + 4e^-$

❶水溶液中に OH^- または H^+ が多量にあると，電気が流れやすくなる。

例 硫酸ナトリウム Na_2SO_4 水溶液の電気分解(電極：白金)

水溶液中には，Na^+，SO_4^{2-}，H_2O がある。

陰極：Na^+は電子を受け取りにくいから，表の④の反応が起こって［⑨　　］が発生する。

陽極：SO_4^{2-} は電子を失いにくいから，表の⑧の反応が起こって［⑩　　］が発生する。

両極の反応を1つにまとめると，$2H_2O \longrightarrow 2H_2 + O_2$ となり，結果として，水が電気分解されていることになる。

C 水酸化ナトリウムの製造

a NaCl 水溶液の電気分解

陰極に鉄，陽極に炭素を用いて塩化ナトリウム NaCl 水溶液を電気分解すると，次のような反応が起こる。

① 陰極：Na^+ は電子を受け取りにくいから，［⑪　　］が電子を受け取り，［⑫　　］が発生する。

$2H_2O + 2e^- \longrightarrow$ ［⑬　　］↑ $+ 2$［⑭　　］

② 陽極：Cl^- が電子を失いやすいので，次式のように［⑮　　］を発生する反応が起こる。

2［⑯　　］ $\longrightarrow$ ［⑰　　］↑ $+ 2e^-$

③ 全体：両極の反応を1つの反応式にまとめて，両辺に Na^+を加えると，次のようになる。

$$2H_2O + 2NaCl \longrightarrow H_2 + Cl_2 + 2NaOH$$

NaCl飽和水溶液　Cl_2　H_2　水
陽極　陰極
C　Fe
陽イオン交換膜
Na^+　H_2O
Cl^-
Cl^-　OH^-
Cl^-　H_2O
Na^+
薄いNaCl水溶液　NaOH水溶液
<イオン交換膜法>

b 水酸化ナトリウムの製造

陰極付近の水溶液を濃縮すると，水酸化ナトリウム NaOH が得られる。工業的には，Cl_2 と NaOH が反応しないように❷，陽イオン交換膜(陽イオンだけを通す膜)で仕切って，純度の高い NaOH を得ている。このような NaOH の製造法を［⑱　　　　］という。

❷液が混ざると，
$2NaOH + Cl_2 \longrightarrow NaCl + NaClO + H_2O$
（NaClO：次亜塩素酸ナトリウム）
の反応が起こってしまう。

D 電気分解の量的関係

a 電気分解と電子 ① 塩化銅(Ⅱ)水溶液の電気分解における両極の反応は,

陰極：$Cu^{2+} + 2e^- \longrightarrow$ [①]

陽極：$2Cl^- \longrightarrow$ [②]↑ $+ 2e^-$

陰極で受け取る[③]の数と陽極で失う[④]の数が等しい❶。

② 流れる電子の物質量が2倍(4mol)になれば，電気分解されるイオンの量も生成する物質の量も[⑤]倍になる(陰極の Cu^{2+} は2molに，陽極の Cl^- は4molになる)。したがって，変化する物質の量は，電子の数に[⑥]する。

❶各極で2molの e^- をやりとりすると，陰極で1molの Cu^{2+} が，陽極で2molの Cl^- が変化する。

b ファラデーの法則 ファラデー❷は，電気分解で流れる電気量と電極での物質の変化量について，次のような電気分解の法則を発見した。

> **電気分解において，電極で変化する物質の物質量は，流れた電気量に比例する。**

❷ファラデー(1791-1867)イギリスの化学者。

c 電気量 ① 電気量の単位にはクーロン(記号C)を用いる。

② 1Cは，1A(アンペア)の電流が1秒(記号s)間に運ぶ電気量である。

したがって，i[A]の電流が t[s]間流れたときの電気量 Q[C]は

$Q[\mathrm{C}] = i[\mathrm{A}] \times t[\mathrm{s}] = it[\mathrm{A \cdot s}] = it[\mathrm{C}]$❸

❸1C = 1A·s

d ファラデー定数 ① 電子1mol当たりの電気量の絶対値をファラデー定数といい，記号 F[C/mol]で表す。

② 電子1個がもつ電気量の絶対値(電気素量)e[C]とアボガドロ定数 N_A[/mol]の積で求められる。

> $F = e \times N_A =$ [⑦] C/mol

e 電気分解による析出量

	電極での反応	電子1molによる析出量
陰極	$2H_2O + 2e^- \longrightarrow H_2 + 2OH^-$ 2mol　1mol	H_2：[⑧] mol, [⑨] g, [⑩] L(標準状態)❹
陰極	$Ag^+ + e^- \longrightarrow Ag$ 1mol　1mol	Ag：[⑪] mol, [⑫] g
陰極	$Cu^{2+} + 2e^- \longrightarrow Cu$ 2mol　1mol	Cu：[⑬] mol, [⑭] g
陽極	$2Cl^- \longrightarrow Cl_2 + 2e^-$ 1mol　2mol	Cl_2：[⑮] mol, [⑯] g, [⑰] L(標準状態)
陽極	$2H_2O \longrightarrow O_2 + 4H^+ + 4e^-$ 1mol　4mol	O_2：[⑱] mol, [⑲] g, [⑳] L(標準状態)

※計算には下の原子量の値を用いること。

❹気体分子1molが占める体積は，標準状態で22.4L(→p.42)。

原子量 H = 1.0, O = 16, Cl = 35.5, Cu = 63.5, Ag = 108

6 酸化還元反応の利用—金属の製錬

A 金属の製錬

➡基礎ドリル 8 (p.91)

a 産出　金や白金などは，イオン化傾向が小さいので単体として産出するが，それ以外の多くの金属は酸化物や硫化物などとして鉱石に含まれて産出する。

b 製錬　鉱石中の酸化物や硫化物などを還元して，金属の単体を取り出すことを［①　　　　］という。

製錬には，大量の熱エネルギーや電気エネルギーが必要である。

B 鉄の製錬

a 鉄鉱石　赤鉄鉱(せきてっこう)(主成分 Fe_2O_3)や磁鉄鉱(じてっこう)(主成分 Fe_3O_4)などがある。

b 製錬　① 溶鉱炉(高炉)の上から，鉄鉱石，コークス C，石灰石 $CaCO_3$ を入れ，下から熱風を吹きこむと，炉内でコークス C が燃えて 2000 ℃近くの高温となり，一酸化炭素 CO が生じる。

② 生成した CO が鉄鉱石と反応し，鉄が遊離して下にたまる。

$Fe_2O_3 + 3CO \longrightarrow$

2［②　　］+ 3［③　　］❶

このようにして得られた鉄を［④　　　］という。

③ 銑鉄は炭素を約 4 %含み，硬くてもろい。高温の銑鉄を転炉に入れて酸素を吹きこみ，銑鉄中の炭素を燃焼させて取り除き，炭素の含有量を 2~0.02 %にした鉄を［⑤　　　］という。

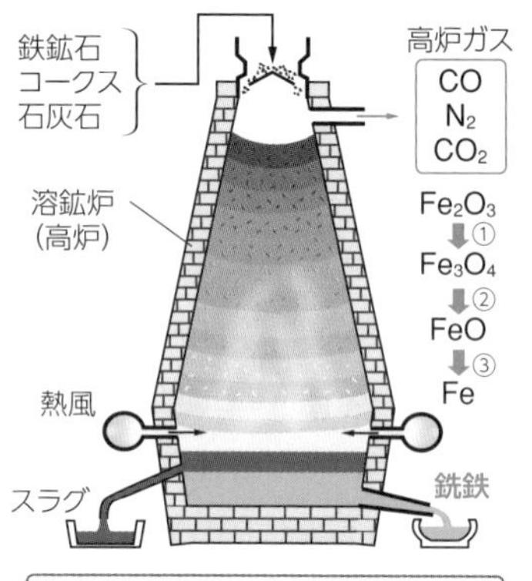

① $3Fe_2O_3 + CO \longrightarrow 2Fe_3O_4 + CO_2$
② $Fe_3O_4 + CO \longrightarrow 3FeO + CO_2$
③ $FeO + CO \longrightarrow Fe$(銑鉄)$+ CO_2$
(①+②×2+③×6)÷3より
$Fe_2O_3 + 3CO \longrightarrow 2Fe + 3CO_2$

<鉄の製造>

❶この反応で，CO は還元剤としてはたらいている。

参考　銅の電解精錬における反応　発展

① 硫酸銅(Ⅱ)の希硫酸溶液中で，不純物(金，銀，亜鉛など)を含む粗銅を陽極に，純粋な銅を陰極にして，電気分解すると，陽極では粗銅が溶け出し，陰極では純粋な銅(電気銅という)が析出してくる。このようにして純度の高い金属を得る方法を**電解精錬**という。

② 陰極：$Cu^{2+} + 2e^- \longrightarrow Cu$

Cu よりイオン化傾向の大きい金属の陽イオン(Zn^{2+} など)
：析出せず，溶液中に残る。

③ 陽極：$Cu \longrightarrow Cu^{2+} + 2e^-$

Cu よりイオン化傾向の大きい不純物：陽イオンになって溶け出す。

Cu よりイオン化傾向の小さい不純物：極板からはがれて下にたまる。これを**陽極泥**(ようきょくでい)という。

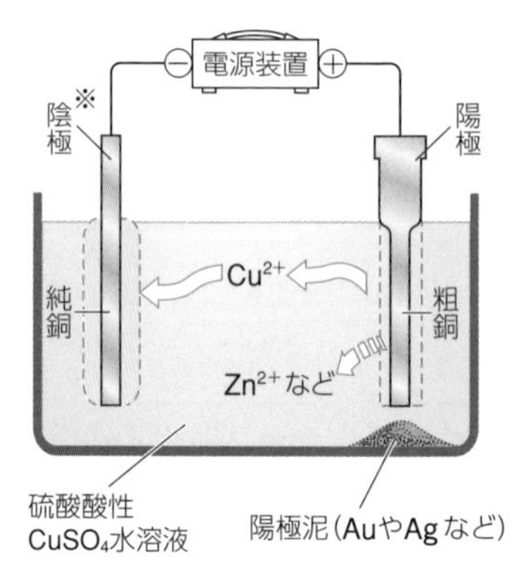

※陰極にはステンレス板を用いることもある。

C 銅の製錬

a 銅鉱石 銅の鉱石は黄銅鉱(主成分 $CuFeS_2$)が代表的である。

b 製錬 ① 黄銅鉱に石灰石やけい砂(しゃ)を混ぜて加熱すると，硫化銅(Ⅰ)Cu_2Sが得られる。これを空気中で強熱すると，硫黄が二酸化硫黄 SO_2 となって除かれ，純度99％程度の粗銅が得られる。

② この粗銅を電気分解して，純度99.99％以上の銅を得ている(→ p.88 参考)。このように，電気分解を利用して金属の単体を得る操作を[①]という。

D アルミニウムの製錬

a 鉱石 ① アルミニウムの鉱石はボーキサイト(主成分 $Al_2O_3 \cdot nH_2O$)である。

② ボーキサイトを精製すると，[②]とよばれる純粋な酸化アルミニウム Al_2O_3 が得られる❶。

b 製錬 アルミナを融解した氷晶石 Na_3AlF_6 に溶かし，炭素電極を用いて電気分解することで，単体のアルミニウムを得ている。

❶Al は O と強く結びついているので，簡単には還元できない。

溶融塩電解(融解塩電解) 発展

一般に，イオン化傾向が大きな金属(Li，K，Ca，Na，Mg，Al など)は，それらの塩化物，水酸化物，酸化物を加熱・融解して液体にし，水を含まない状態で電気分解して単体を得ている。

このようにして，金属の単体を得る操作を[③]という❷。

❷溶融塩電解は，融解塩電解ともよばれる。

アルミニウムの溶融塩電解

① アルミナ(酸化アルミニウム)は融点が高い(2054℃)ので，融点の低い[④]Na_3AlF_6 を融解して，これにアルミナを溶かして電気分解を行う。

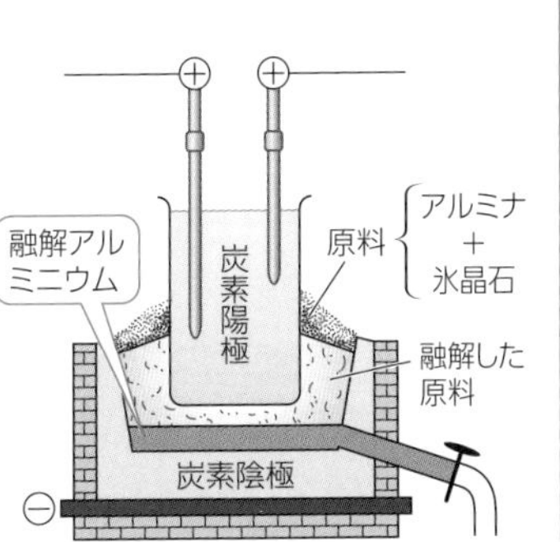

② 反応

陰極：$Al^{3+} + 3e^- \longrightarrow Al$

陽極：$C + O^{2-}$

$\longrightarrow$ [⑤] $+ 2e^-$

(または $C + 2O^{2-} \longrightarrow CO_2 + 4e^-$)

陽極の炭素は反応して減少するので，絶えず補給する必要がある。

この章の基本事項を確認してみよう！

基礎ドリル

1. 酸化と還元(➡ p.76)

次の各反応において，酸化された物質，還元された物質を，酸素・水素のやりとりから判断し，その化学式を答えよ。

(1) $2CuO + C \longrightarrow 2Cu + CO_2$

酸化された物質 ＿＿＿＿＿＿

還元された物質 ＿＿＿＿＿＿

(2) $H_2S + I_2 \longrightarrow S + 2HI$

酸化された物質 ＿＿＿＿＿＿

還元された物質 ＿＿＿＿＿＿

(3) $2H_2S + SO_2 \longrightarrow 3S + 2H_2O$

酸化された物質 ＿＿＿＿＿＿

還元された物質 ＿＿＿＿＿＿

(4) $2Mg + O_2 \longrightarrow 2MgO$

酸化された物質 ＿＿＿＿＿＿

還元された物質 ＿＿＿＿＿＿

2. 酸化数(➡ p.77)

次の化学式で，下線を引いた原子の酸化数を答えよ。

(1) 酸素 $\underline{O}_2$ ＿＿＿＿＿＿

(2) 二酸化炭素 $\underline{C}O_2$ ＿＿＿＿＿＿

(3) 硫化水素 $H_2\underline{S}$ ＿＿＿＿＿＿

(4) 二酸化硫黄 $\underline{S}O_2$ ＿＿＿＿＿＿

(5) シュウ酸 $(\underline{C}OOH)_2$ ＿＿＿＿＿＿

(6) 鉄(Ⅱ)イオン $\underline{Fe}^{2+}$ ＿＿＿＿＿＿

(7) アンモニウムイオン $\underline{N}H_4^+$ ＿＿＿＿＿＿

(8) 硫酸イオン $\underline{S}O_4^{2-}$ ＿＿＿＿＿＿

(9) クロム酸カリウム $K_2\underline{Cr}O_4$ ＿＿＿＿＿＿

(10) 過マンガン酸イオン $\underline{Mn}O_4^-$ ＿＿＿＿＿＿

3. 酸化数の変化(➡ p.77)

下線(――，〰〰)を引いた原子の，反応前後における酸化数を記し，「酸化」されたか，「還元」されたかを答えよ。

(1) $2\underline{Cu}O + \utilde{C} \longrightarrow 2\underline{Cu} + \utilde{C}O_2$

Cu：＿＿ ⟶ ＿＿，＿＿＿＿＿＿

C：＿＿ ⟶ ＿＿，＿＿＿＿＿＿

(2) $\underline{Cu} + \utilde{Cl_2} \longrightarrow \underline{Cu}\utilde{Cl_2}$

Cu：＿＿ ⟶ ＿＿，＿＿＿＿＿＿

Cl：＿＿ ⟶ ＿＿，＿＿＿＿＿＿

(3) $2\underline{C}O + \utilde{O_2} \longrightarrow 2\underline{C}\utilde{O_2}$

C：＿＿ ⟶ ＿＿，＿＿＿＿＿＿

O：＿＿ ⟶ ＿＿，＿＿＿＿＿＿

(4) $\underline{N}_2 + 3\utilde{H_2} \longrightarrow 2\underline{N}\utilde{H_3}$

N：＿＿ ⟶ ＿＿，＿＿＿＿＿＿

H：＿＿ ⟶ ＿＿，＿＿＿＿＿＿

(5) $\underline{S}O_2 + H_2\utilde{O_2} \longrightarrow H_2\underline{S}\utilde{O_4}$

S：＿＿ ⟶ ＿＿，＿＿＿＿＿＿

O：＿＿ ⟶ ＿＿，＿＿＿＿＿＿

4. 物質の酸化と還元(➡ p.77)

次の化学反応における各原子の酸化数の変化から，酸化された物質と還元された物質を判断して化学式で答えよ。

(1) $Zn + 2HCl \longrightarrow ZnCl_2 + H_2$

酸化された物質 ＿＿＿＿＿＿

還元された物質 ＿＿＿＿＿＿

(2) $2K + 2H_2O \longrightarrow 2KOH + H_2$

酸化された物質 ＿＿＿＿＿＿

還元された物質 ＿＿＿＿＿＿

(3) $2Al + Fe_2O_3 \longrightarrow Al_2O_3 + 2Fe$

酸化された物質 ＿＿＿＿＿＿

還元された物質 ＿＿＿＿＿＿

(4) $Fe + H_2SO_4 \longrightarrow FeSO_4 + H_2$

酸化された物質 ＿＿＿＿＿＿

還元された物質 ＿＿＿＿＿＿

(5) $H_2S + H_2O_2 \longrightarrow S + 2H_2O$

酸化された物質 ＿＿＿＿＿＿

還元された物質 ＿＿＿＿＿＿

(6) $2FeCl_2 + Cl_2 \longrightarrow 2FeCl_3$

酸化された物質 ＿＿＿＿＿＿

還元された物質 ＿＿＿＿＿＿

5. 酸化剤・還元剤(➡ p.78)

酸化剤または還元剤が電子 e^- を受け取る反応，与える反応をイオン反応式で書け。また，酸化数の変化する原子に下線を引き，その下に反応前後の酸化数をそれぞれ記せ。

(1) 硫化水素

(2) オゾン

(3) 過酸化水素(還元剤)

(4) 二酸化硫黄(酸化剤)

(5) シュウ酸

(6) 過マンガン酸カリウム(酸性)

6. 酸化剤と還元剤の反応(➡ p.79)

酸化剤と還元剤の反応を，1つのイオン反応式にまとめよ。

(1) $Na \longrightarrow Na^+ + e^-$ …①

$Cl_2 + 2e^- \longrightarrow 2Cl^-$ …②

(2) $I_2 + 2e^- \longrightarrow 2I^-$ …①

$H_2S \longrightarrow S + 2H^+ + 2e^-$ …②

(3) $Cu^{2+} + 2e^- \longrightarrow Cu$ …①

$Al \longrightarrow Al^{3+} + 3e^-$ …②

(4) $MnO_4^- + 8H^+ + 5e^- \longrightarrow Mn^{2+} + 4H_2O$ …①

$SO_2 + 2H_2O \longrightarrow SO_4^{2-} + 4H^+ + 2e^-$ …②

7. 金属のイオン化傾向(➡ p.80)

次の金属を(　)内の水溶液に入れたときに起こる変化を，イオン反応式で表せ。

(1) 鉄(硫酸銅(Ⅱ) $CuSO_4$ 水溶液)

(2) 亜鉛(酢酸鉛(Ⅱ) $(CH_3COO)_2Pb$ 水溶液)

(3) 銅(硝酸銀 $AgNO_3$ 水溶液)

8. 金属の製錬(➡ p.88)

単体を得るために，次の(1)〜(4)の製錬方法が行われる金属を〔　〕内からすべて選び，化学式で答えよ。

〔Na，Au，Cu，Al，Fe〕

(1) 酸化物などを還元剤とともに強熱する。

(2) 硫化物を石灰石やけい砂と加熱後，空気中で強熱する。

(3) 塩や酸化物を融解させて電気分解する。

(4) 単体として産出するので，その含有量の多い鉱石を採取する。

例題 1 酸化・還元の判定(➡ p.77)

水素-酸素燃料電池は，次の反応のエネルギーを電気エネルギーとして取り出す装置である。

$2H_2 + O_2 \longrightarrow 2H_2O$

この反応は，白金触媒の存在下で，各電極において次の酸化還元反応が起こって進行する。

負極：$H_2 \longrightarrow 2H^+ + 2e^-$，　正極：$O_2 + 4H^+ + 4e^- \longrightarrow 2H_2O$

このとき，水素と酸素はそれぞれ酸化されているか，それとも還元されているか。次の観点から説明せよ。

(1) 酸素および水素のやりとり　(2) 電子のやりとり　(3) 酸化数の増減

解答 (1) 水素は[①　　　]を受け取った。
したがって，水素は[②　　　]された。
酸素は[③　　　]を受け取った。
したがって，酸素は[④　　　]された。
(2) 水素は[⑤　　　]を失った。
したがって，水素は[⑥　　　]された。
酸素は[⑦　　　]を受け取った。
したがって，酸素は[⑧　　　]された。
(3) 水素は，酸化数が[⑨　　]⟶[⑩　　]に[⑪　　　]した。
したがって，水素は[⑫　　　]された。
酸素は，酸化数が[⑬　　]⟶[⑭　　]に[⑮　　　]した。
したがって，酸素は[⑯　　　]された。

類題 1　次の化学反応のうち，硫黄原子が還元されている反応を1つ選べ。

① $\underline{FeS} + 2HCl \longrightarrow FeCl_2 + H_2S$
② $CaCl_2 + \underline{H_2SO_4} \longrightarrow CaSO_4 + 2HCl$
③ $Cu + 2\underline{H_2SO_4} \longrightarrow CuSO_4 + SO_2 + 2H_2O$
④ $\underline{SO_3} + H_2O \longrightarrow H_2SO_4$
⑤ $\underline{SO_2} + O_3 \longrightarrow SO_3 + O_2$

例題 2 酸化剤，還元剤の反応式(➡ p.79)

硫酸で酸性にした過酸化水素水に硫酸鉄(Ⅱ)水溶液を加えたときに起こる反応を，次の①，②式を完成させて，イオン反応式で記せ。

$H_2O_2 + [\quad]H^+ + [\quad]e^- \longrightarrow 2H_2O$　…①
$Fe^{2+} \longrightarrow Fe^{3+} + [\quad]e^-$　…②

解答 ① 式：O原子2個の酸化数が[⑰　　]→[⑱　　]と減少するので，左辺で e^- を[⑲　　]個受け取る。
また，右辺のHが[⑳　　]個であるので，左辺の H^+ は[㉑　　]個である。
② 式：Feの酸化数が[㉒　　]→[㉓　　]と増加するので，右辺に e^- を[㉔　　]個加える。

(酸化剤が受け取る e^- の数)
＝(還元剤が失う e^- の数)
であるから，①式＋②式×2より
$H_2O_2 + [㉕\quad]Fe^{2+} + [㉖\quad]H^+$
$\longrightarrow 2H_2O + [㉗\quad]Fe^{3+}$　答

類題 2　過マンガン酸カリウム $KMnO_4$ と硫酸鉄(Ⅱ)$FeSO_4$ は，酸化剤，還元剤として次のように反応する。

$MnO_4^- + 8H^+ + 5e^- \longrightarrow Mn^{2+} + 4H_2O$　…①

$Fe^{2+} \longrightarrow Fe^{3+} + e^-$　…②

硫酸で酸性にした水溶液中で両者が反応する場合について，イオン反応式を記せ。また，化学反応式を記せ。

イオン反応式：＿＿＿＿＿＿＿＿＿＿

化学反応式　：＿＿＿＿＿＿＿＿＿＿

＿＿＿＿＿＿＿＿＿＿

例題 ③ 酸化還元滴定(➡ p.79)

0.050 mol/L の $FeSO_4$ 水溶液 20 mL を硫酸で酸性にして，0.020 mol/L の $KMnO_4$ 水溶液を滴下した。過不足なく反応する $KMnO_4$ 水溶液の体積は何 mL か。ただし，MnO_4^- と Fe^{2+} は，それぞれ酸化剤，還元剤として次のようにはたらく。

$MnO_4^- + 8H^+ + 5e^- \longrightarrow Mn^{2+} + 4H_2O$　…①

$Fe^{2+} \longrightarrow Fe^{3+} + e^-$　…②

解答　(還元剤が[①　　　]e^- の数)

＝(酸化剤が[②　　　]e^- の数)

であるから，必要な $KMnO_4$ 水溶液を x〔mL〕とすると，

$0.050\,\text{mol/L} \times \dfrac{[③\quad]}{1000}\text{L} \times [④\quad]$

$= 0.020\,\text{mol/L} \times \dfrac{[⑤\quad]}{1000}\text{L} \times [⑥\quad]$

これを解いて，$x =$ [⑦　　]mL　答

【別解】　酸化剤と還元剤が反応するイオン反応式または化学反応式が求められている場合は，

(反応する物質量の比)＝(反応式の係数の比)

を利用して求めてもよい。類題 2 のイオン反応式より，

$0.050\,\text{mol/L} \times \dfrac{[⑧\quad]}{1000}\text{L} : 0.020\,\text{mol/L} \times \dfrac{[⑨\quad]}{1000}\text{L}$

＝[⑩　　]：[⑪　　]

これを解いて，$x =$ [⑫　　]mL　答

類題 3　濃度 0.050 mol/L のシュウ酸 $(COOH)_2$ 水溶液 20 mL を硫酸で酸性にして，そこへ濃度未知の $KMnO_4$ 水溶液を滴下したところ，16 mL 滴下したところで赤紫色が消えなくなった。$KMnO_4$ 水溶液の濃度は何 mol/L か。ただし，MnO_4^- と $(COOH)_2$ は，次のように電子をやりとりする。

$MnO_4^- + 8H^+ + 5e^- \longrightarrow Mn^{2+} + 4H_2O$　…①

$(COOH)_2 \longrightarrow 2CO_2 + 2H^+ + 2e^-$　…②

定期テスト対策問題

1 酸化数　次の化合物(1)～(3)について，窒素原子の酸化数を大きい順に正しく並べたものは①～④のどれか。各窒素原子の酸化数を答えてから選べ。

(1) KNO_3　(2) NH_4Cl　(3) NO

① $KNO_3 > NH_4Cl > NO$　② $KNO_3 > NO > NH_4Cl$

③ $NH_4Cl > NO > KNO_3$　④ $NO > KNO_3 > NH_4Cl$

2 酸化剤　次の化学反応式で，下線を付けた原子は酸化されたか還元されたかを，酸化，還元，無関係で答えよ。また，下線の原子を含む物質が酸化剤としてはたらいている場合はA，還元剤としてはたらいている場合はB，酸化剤にも還元剤にもなっていない場合はCと答えよ。

(1) $2\underline{K} + 2H_2O \longrightarrow 2KOH + H_2$

(2) $\underline{S}O_2 + 2H_2S \longrightarrow 3S + 2H_2O$

(3) $H_2\underline{S}O_4 + 2NaCl \longrightarrow Na_2SO_4 + 2HCl$

(4) $2\underline{H}Cl + Zn \longrightarrow ZnCl_2 + H_2$

3 酸化力の順序　(a)～(c)の各反応式で，酸化剤としてはたらいている物質を選び，化学式で答えよ。また，Cl_2，Br_2，I_2 を酸化作用の強い順に正しく並べているものを，下の①～⑥から選べ。

(a) $2Br^- + Cl_2 \longrightarrow 2Cl^- + Br_2$

(b) $2I^- + Br_2 \longrightarrow 2Br^- + I_2$

(c) $2I^- + Cl_2 \longrightarrow 2Cl^- + I_2$

① $Cl_2 > Br_2 > I_2$　② $Cl_2 > I_2 > Br_2$

③ $Br_2 > Cl_2 > I_2$　④ $Br_2 > I_2 > Cl_2$

⑤ $I_2 > Cl_2 > Br_2$　⑥ $I_2 > Br_2 > Cl_2$

4 酸化還元の判定　次の①～④の反応の中から，酸化還元反応でないものを1つ選べ。

① $K_2Cr_2O_7 + 2KOH \longrightarrow 2K_2CrO_4 + H_2O$

② $MnO_2 + 4HCl \longrightarrow MnCl_2 + 2H_2O + Cl_2$

③ $N_2 + 3H_2 \longrightarrow 2NH_3$

④ $3NO_2 + H_2O \longrightarrow 2HNO_3 + NO$

1
(1)
(2)
(3)
正しいもの

2
(1)
(2)
(3)
(4)

3
(a)
(b)
(c)
正しいもの

4

5 酸化還元滴定 硫酸酸性の水溶液中で，過マンガン酸カリウム $KMnO_4$ と過酸化水素 H_2O_2 は，次式のように反応する。

$$2KMnO_4 + 5H_2O_2 + 3H_2SO_4 \longrightarrow K_2SO_4 + 2MnSO_4 + 8H_2O + 5O_2$$

濃度未知の過酸化水素水 10.0mL を蒸留水で薄めてから希硫酸で酸性にした。この水溶液を 0.100mol/L の $KMnO_4$ 水溶液で滴定したところ，20.0mL 加えたときに赤紫色が消えなくなった。

(1) 過酸化水素水の濃度を x〔mol/L〕として，10.0mL 中に含まれる過酸化水素の物質量(mol)を表す式を記せ。

(2) これとちょうど反応した $KMnO_4$ の物質量を表す式を記せ。

(3) (1)，(2)の間には，どんな関係式が成りたつか，式を記せ。

(4) 薄める前の過酸化水素水の濃度は何 mol/L か。

5
(1)
(2)
(3)
(4)

6 イオン化傾向の大小判定 ある金属 A，B，C，D について，次の実験結果を得た。

Ⅰ：A の酸化物粉末と B を混合して加熱すると激しい反応が起こって A が金属になり，B の酸化物ができた。

Ⅱ：ペトリ皿の中に 1％ KNO_3 水溶液をしみこませたろ紙を敷き，B と D を置いて検流計で調べると，電流が B から D に流れた。

Ⅲ：C 以外は塩酸と反応して水素を発生した。

(1) Ⅰより，酸化されやすい金属は A，B どちらか。

(2) Ⅱは，金属 B，D で電池ができていることを示す。イオン化傾向が大きい金属は B，D どちらか。

(3) Ⅲより，イオン化傾向が水素 H_2 より小さい金属はどれか。

(4) A ～ D をイオン化傾向の大きな順に並べよ。

6
(1)
(2)
(3)
(4)

発展 **7 Cu と Al の製錬** 銅の電解精錬では，硫酸銅(Ⅱ)水溶液中で，粗銅を(ア)極として電気分解を行い，反対の極に純銅を析出させる。銅よりイオン化傾向が(イ)い金属は粗銅からはがれ落ちて下に沈んで(ウ)泥となる。銅よりイオン化傾向が(エ)い金属は溶解するが，析出せずに溶液中に残る。

一方，アルミニウムは，アルミニウム化合物の水溶液を電気分解しても得られないので，(オ)に氷晶石を加えて融点を低下させ，溶融塩電解を行う。

(1) 文章の空欄(ア)～(オ)に適当な語句を入れよ。

(2) 電極で，Cu および Al が析出する反応を e^- を含む反応式で表せ。

7
(1) (ア)
(イ)
(ウ)
(エ)
(オ)
(2) Cu：
Al：

まとめノート

グレーの文字をなぞって完成させよう！
色分けをして自分なりにまとめてみよう！

1. 物質量

モル質量〔g/mol〕
アボガドロ定数　6.02×10^{23}/mol
標準状態における気体の体積　22.4L/mol

1mol 当たりの値

・物質量〔mol〕を求めるとき…わり算

$$物質量〔mol〕= \frac{与えられた値}{1mol 当たりの値}$$

・物質量〔mol〕以外を求めるとき…かけ算

求める値＝物質量〔mol〕× 1mol 当たりの値

どの値を用いるのかは，単位を考えよう！！

3.0g の H_2(=2.0) は何 mol か？ ➡ 物質量〔mol〕＝ $\frac{3.0g}{2.0g/mol}$ ＝1.5mol

わり算

g なので，モル質量！！

2. 化学反応式

(H_2 の物質量)＝(O_2 の物質量) × 2
(O_2 の物質量)＝(H_2 の物質量) × $\frac{1}{2}$

反応式は，個数の関係を表している！！

反応式の係数の比＝物質量の比

$$2H_2 + O_2 \longrightarrow 2H_2O$$

物質量の比 …　2　：　1　：　2

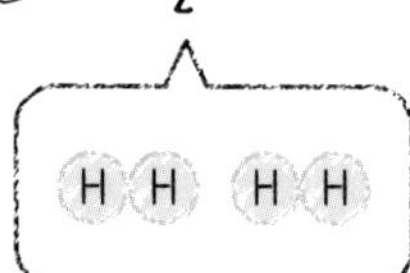

O O

H O H　H O H

イメージ大事！！

まとめ方の例を見てみよう！

3. 中和滴定

中和点では，

酸から生じるH^+の物質量＝塩基から生じるOH^-の物質量

＝酸の物質量×酸の価数　　＝塩基の物質量×塩基の価数

価数をかけるのを忘れないように！

指示薬

赤ではさまれていると覚えよう！

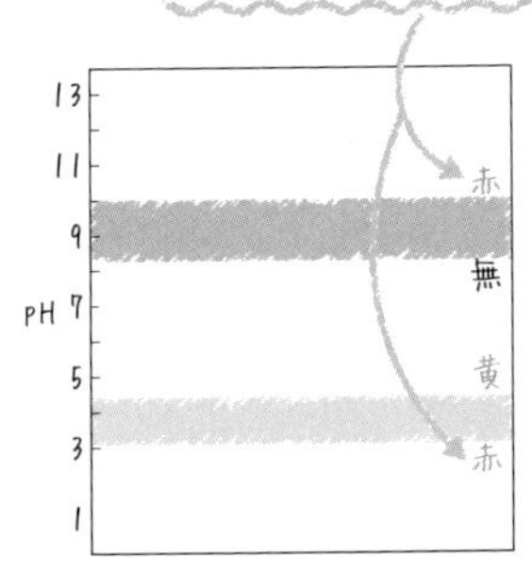

…フェノールフタレイン（変色域；塩基性側）

…メチルオレンジ（変色域；酸性側）

この2つの指示薬は必ず覚える！！

4. 酸化還元反応

酸化数

酸化；酸素Oを受け取る（水素Hを失う）→電子e^-を失う…増加

還元；酸素Oを失う（水素Hを受け取る）→電子e^-を受け取る…減少

酸化と還元は逆！！

5. 電池

① 電子e^-の流れを考えよう！！ → ② 電流の向きは，電子e^-の流れと逆！！ → ③ 電流の向きから，正極と負極が決まる

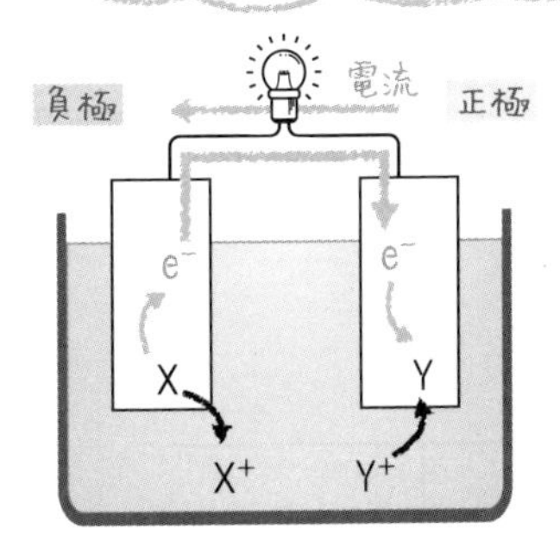

正極　$\underset{+1}{Y^+} + e^- \longrightarrow \underset{0}{Y}$ …還元

負極　$\underset{0}{X} \longrightarrow \underset{+1}{X^+} + e^-$ …酸化

電池は，正極で還元，負極で酸化

チャレンジ問題

1. KNO_3(式量 101)の溶解度は，右図に示すように，温度による変化が大きい。

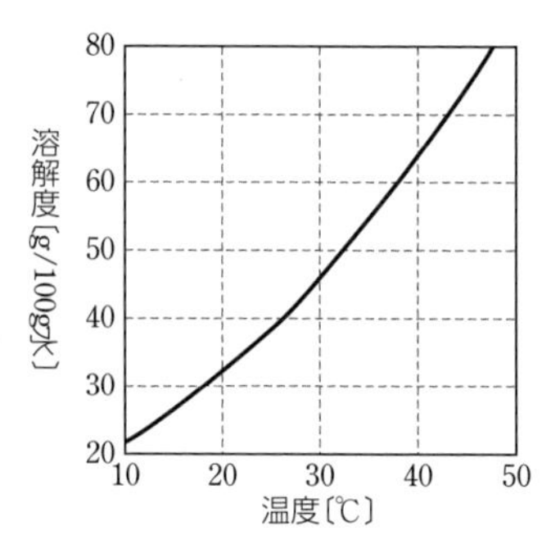

(1) 25℃の KNO_3 の飽和溶液の質量パーセント濃度は何%か。その数値を有効数字 2 桁の次の形式で表すとき，ア と イ に当てはまる数字を，後の①～⓪のうちからそれぞれ 1 つずつ選べ。ただし，同じものをくり返し選んでもよい。

ア イ %

① 1　② 2　③ 3　④ 4　⑤ 5
⑥ 6　⑦ 7　⑧ 8　⑨ 9　⓪ 0

(2) 40℃の KNO_3 の飽和溶液 164 g を 25℃まで冷却するとき，結晶として析出する KNO_3 の物質量は何 mol か。最も適当な数値を，次の①～⑥のうちから 1 つ選べ。

① 0.26　② 0.38　③ 0.63　④ 1.0　⑤ 1.3　⑥ 1.6

2. 0.010 mol/L の水酸化ナトリウム水溶液 150 mL をビーカーに入れ，水溶液 A をビュレットから滴下しながら pH の変化を記録したところ，右図の曲線が得られた。次の問いに答えよ。

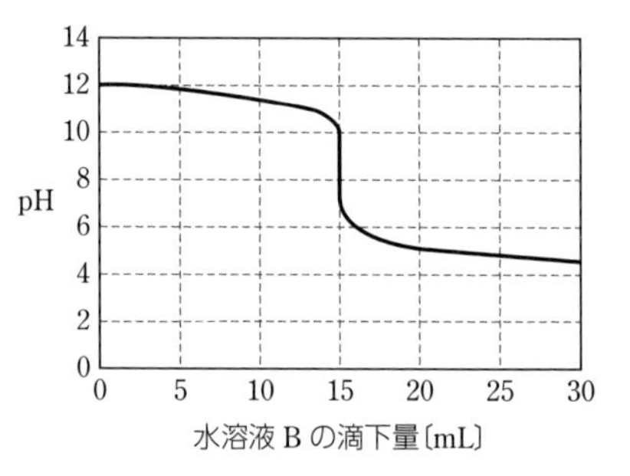

(1) 水溶液 A として適切なものを，次の①～⑤のうちから 1 つ選べ。

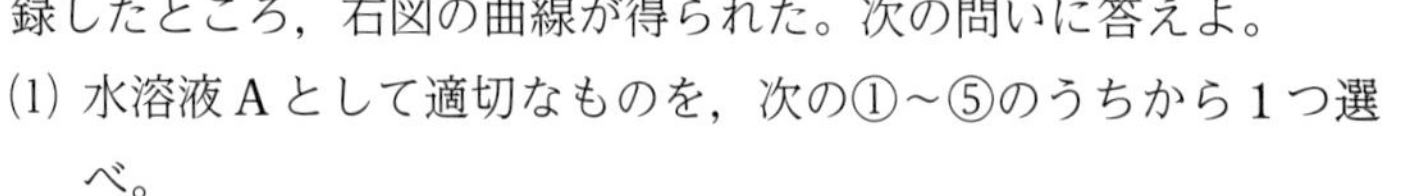

① 0.10 mol/L 塩酸　② 0.010 mol/L 塩酸
③ 0.0010 mol/L 塩酸　④ 0.10 mol/L 酢酸水溶液
⑤ 0.010 mol/L 酢酸水溶液

(2) この中和滴定において用いることのできる指示薬を，次の①～③のうちから 1 つ選べ。

① メチルオレンジ　② ブロモチモールブルー　③ フェノールフタレイン

1	(1)	ア　イ	(2)		2	(1)		(2)	

3. 金属板Aを入れたAの硫酸塩水溶液と，金属板Bを入れたBの硫酸塩水溶液を素焼き板で仕切って作成した電池を右図に示す。素焼き板は両方の水溶液が混ざるのを防ぐが，水溶液中のイオンを通すことができる。この電池の金属板AおよびBにおいて起こる反応はそれぞれ次のようになる。

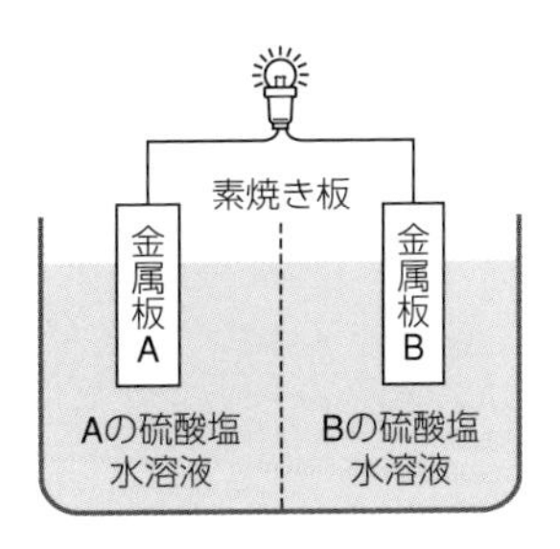

金属板A：　$A \longrightarrow A^{2+} + 2e^-$
金属板B：　$B^{2+} + 2e^- \longrightarrow B$

(1) 金属板Aにおいて起こる反応の種類と，金属板Aの電極としてのはたらきの組合せとして最も適当なものを，次の①～⑥のうちから1つ選べ。

	①	②	③	④	⑤	⑥
反応の種類	酸化	酸化	還元	還元	中和	中和
電極としてのはたらき	正	負	正	負	正	負

(2) 2.0 mol の金属Aが反応したときに流れる電子の物質量は何 mol か。最も適当な数値を，次の①～⑥のうちから1つ選べ。
① 1.0　② 2.0　③ 3.0　④ 4.0　⑤ 5.0　⑥ 6.0

(3) 反応の進行に伴って，金属板Aの質量およびBの硫酸塩水溶液の濃度はどのように変化するか。組合せとして最も適当なものを，次の①～④のうちから1つ選べ。

	①	②	③	④
金属板Aの質量	増加	増加	減少	減少
Bの硫酸塩水溶液の濃度	増加	減少	増加	減少

3	(1)		(2)		(3)	

(30 分・50 点満点)

化　学　基　礎

(解答番号 [1] ~ [16])

> 必要があれば，原子量は次の値を使うこと。
>
> H　1.0　　　C　12

第 1 問　次の問い(問 1~8)に答えよ。(配点　30)

問 1　下線部の語が，元素ではなく単体を意味しているものを，次の ①~⑤ のうちから一つ選べ。 [1]

① ダイヤモンドと黒鉛は，<u>炭素</u>の同素体である。

② 骨には<u>カルシウム</u>が含まれている。

③ 塩化水素は，水素と<u>塩素</u>から構成されている。

④ 水を電気分解すると，水素と<u>酸素</u>が生成する。

⑤ 地殻中の約 46 % は，<u>酸素</u>が占めている。

問 2　電子の総数が CH_4 と**異なるもの**を，次の ①~⑤ のうちから一つ選べ。 [2]

① Ne　　② H_2O　　③ F^-　　④ Mg^{2+}　　⑤ O_2

1	① ② ③ ④ ⑤	2	① ② ③ ④ ⑤

問 3　電子配置が次の ①～⑤ で表される原子について，後の問い(**a～c**)に答えよ。

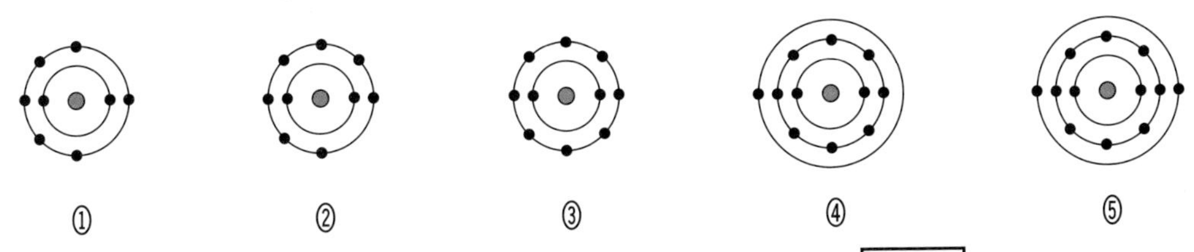

a　同素体が存在する原子を，①～⑤ のうちから一つ選べ。 **3**

b　安定なイオンになったときにその大きさが最も大きいものを，①～⑤ のうちから一つ選べ。 **4**

c　イオン化エネルギーが最も大きいものを，①～⑤ のうちから一つ選べ。 **5**

問 4　結晶の性質に関する次の記述**ア～エ**のうち，**誤りを含む**組合せを後の ①～⑥ のうちから一つ選べ。 **6**

ア　金属結晶には自由電子が存在するため，熱や電気をよく通し，展性や延性を示す。

イ　分子結晶は，昇華しやすいものが多く，電気を通しやすい。

ウ　共有結合の結晶は融点が高く，非常に硬い。

エ　イオン結晶は，クーロン力によって陽イオンと陰イオンが結合しているため，固体でも液体でも電気を通さない。

①　ア・イ　②　ア・ウ　③　ア・エ　④　イ・ウ　⑤　イ・エ

⑥　ウ・エ

3	①　②　③　④　⑤	4	①　②　③　④　⑤

5	①　②　③　④　⑤	6	①　②　③　④　⑤　⑥

問5　水素は以下の反応によりメタンと水蒸気を反応させることで得ることができる。水素1.0kg を得るのに必要なメタンは何 kg か。最も適当な数値を，後の ①～⑥ のうちから一つ選べ。 7 kg

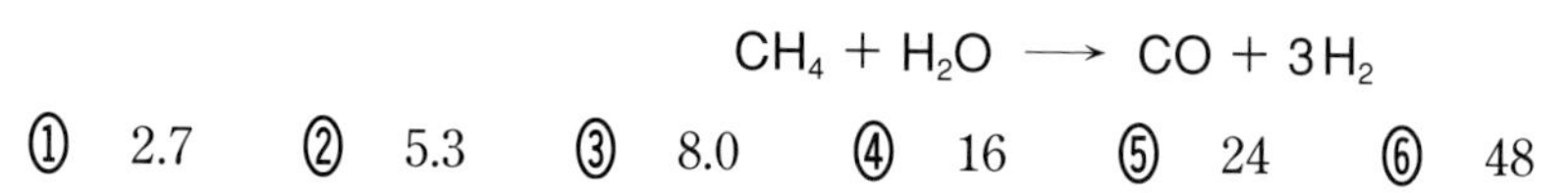
$$CH_4 + H_2O \longrightarrow CO + 3H_2$$

① 2.7　② 5.3　③ 8.0　④ 16　⑤ 24　⑥ 48

問6　0.050mol/L の H_2SO_4 水溶液 10mL を，0.10mol/L　NaOH 水溶液で滴定したときの pH の変化を示す図を，次の ①～⑤ のうちから一つ選べ。 8

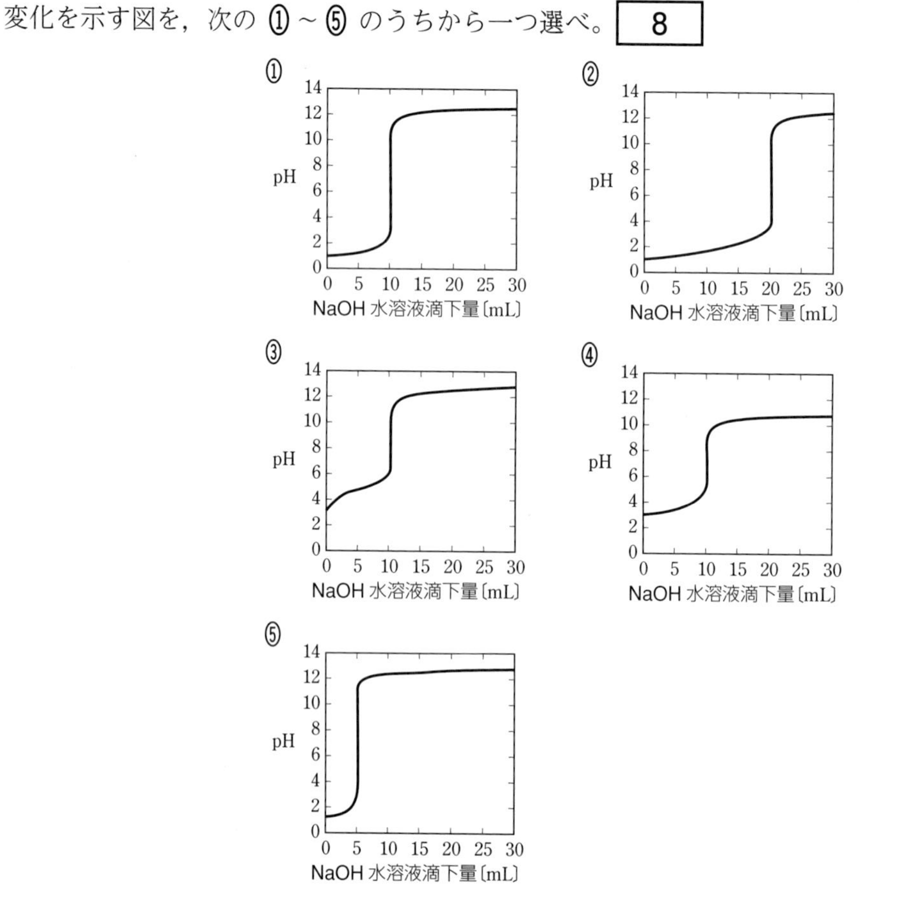

7	① ② ③ ④ ⑤ ⑥	8	① ② ③ ④ ⑤

問7　塩化ナトリウム，炭酸水素ナトリウム，塩化アンモニウムの各水溶液について，pH の大きい順に並べたものを，次の ①～⑥ のうちから一つ選べ。 **9**

① 塩化ナトリウム＞炭酸水素ナトリウム＞塩化アンモニウム

② 塩化ナトリウム＞塩化アンモニウム＞炭酸水素ナトリウム

③ 炭酸水素ナトリウム＞塩化アンモニウム＞塩化ナトリウム

④ 炭酸水素ナトリウム＞塩化ナトリウム＞塩化アンモニウム

⑤ 塩化アンモニウム＞塩化ナトリウム＞炭酸水素ナトリウム

⑥ 塩化アンモニウム＞炭酸水素ナトリウム＞塩化ナトリウム

問8　0.30 mol/L のシュウ酸 $(COOH)_2$ 水溶液 20 mL に希硫酸を加えて酸性にしたのち，濃度のわからない過マンガン酸カリウム $KMnO_4$ 水溶液を滴下していくと，15 mL を滴下したときに水溶液が薄い赤紫色になった。この過マンガン酸カリウム水溶液のモル濃度は何 mol/L か。最も適当な数値を，後の ①～⑥ のうちから一つ選べ。ただし，シュウ酸および過マンガン酸カリウムは次のようにはたらく。 **10** mol/L

$$MnO_4^- + 8H^+ + 5e^- \longrightarrow Mn^{2+} + 4H_2O$$

$$(COOH)_2 \longrightarrow 2CO_2 + 2H^+ + 2e^-$$

① 0.090　② 0.16　③ 0.32　④ 0.40　⑤ 0.80　⑥ 1.0

9	① ② ③ ④ ⑤ ⑥	10	① ② ③ ④ ⑤ ⑥

第2問　次の問い(**問1～5**)に答えよ。(配点　20)

図1に示した実験装置を用いて，混合物から純物質を取り出す実験を行った。赤ワインを枝付きフラスコに入れ，一定の炎で加熱し，赤ワインが沸騰して出てくる液体をフラスコに集めた。図2のグラフは赤ワインを加熱したときの温度変化を表したものである。

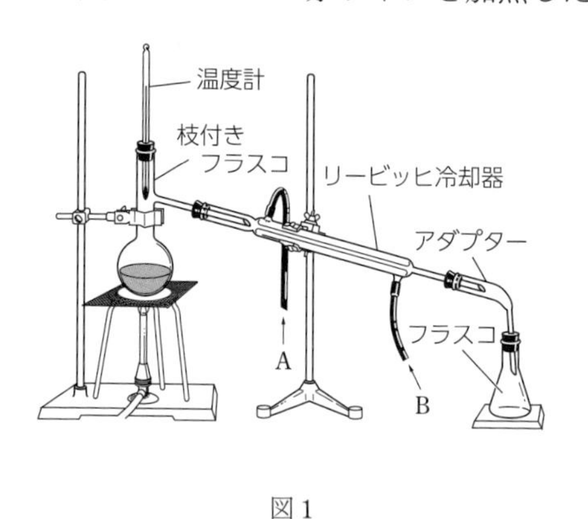

図1

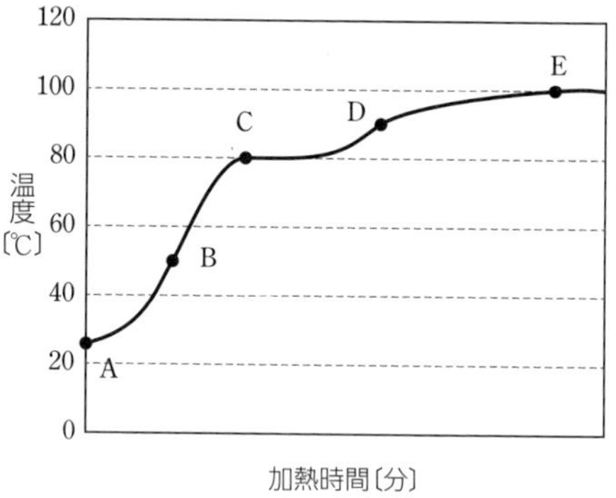

温度〔℃〕
加熱時間〔分〕
A　B　C　D　E

図2

問1　この実験に関する記述**ア～エ**のうち，**誤りを含む**組合せを，後の ① ～ ⑥ のうちから一つ選べ。 11

ア　枝付きフラスコに入れる液体の量は，枝付きフラスコの容量の半分以下にする。

イ　温度計の球部(下端)の位置は，図のようにフラスコの枝の付け根の高さに合わせる。

ウ　リービッヒ冷却器を使って冷却する際は，図のようにAから水を流す。

エ　アダプターとフラスコは，図のようにゴム栓でつなぎ，液が漏れないようにする。

① ア・イ　② ア・ウ　③ ア・エ　④ イ・ウ　⑤ イ・エ
⑥ ウ・エ

問2　枝付きフラスコ内の赤ワインからエタノールがほぼ除かれているのは，図2のA～Eのうちのどれか。正しいものを，次の ① ～ ⑤ のうちから一つ選べ。 12

① AとB　② BとC　③ CとD　④ DとE　⑤ E

11	① ② ③ ④ ⑤ ⑥	12	① ② ③ ④ ⑤

問3　蒸留(分留)では**分離することができないもの**を，次の ①～④ のうちから一つ選べ。
13

① 塩化ナトリウム水溶液から純水を分離する。

② 砂を含む塩化ナトリウム水溶液から塩化ナトリウム水溶液を分離する。

③ 液体空気から窒素と酸素を分離する。

④ 石油からガソリンや灯油を分離する。

問4　ワインなどのお酒の濃度は体積パーセント濃度で表される。

$$体積パーセント濃度〔\%〕= \frac{溶質の体積〔L〕}{溶液の体積〔L〕} \times 100$$

例えば25％のお酒100mLには，25mLのエタノールが含まれることになる。市販の体積パーセント濃度14％のワイン750mLを蒸留すると，理論上，最大何gのエタノールを得ることができるか。その数値を有効数字2桁の次の形式で表すとき，14 と 15 に当てはまる数字を，次の ①～⓪ のうちからそれぞれ一つずつ選べ。ただし，同じものをくり返し選んでもよい。また，エタノールの密度は $0.78\,g/cm^3$ とする。14 15 g

① 1　② 2　③ 3　④ 4　⑤ 5
⑥ 6　⑦ 7　⑧ 8　⑨ 9　⓪ 0

問5　手や指の消毒に用いるアルコールには，エタノールが体積パーセント濃度で70％以上含まれている。市販の体積パーセント濃度14％のワイン750mLを蒸留することで得られたエタノールを用いて，エタノールの体積パーセント濃度が70％の消毒液をつくることを考える。理論上，消毒液は最大で何mLつくることができるか。最も適当な数値を，次の ①～⑤ のうちから一つ選べ。16 mL

① 150　② 200　③ 250　④ 300　⑤ 350

13	① ② ③ ④	14	① ② ③ ④ ⑤ ⑥ ⑦ ⑧ ⑨ ⓪
15	① ② ③ ④ ⑤ ⑥ ⑦ ⑧ ⑨ ⓪	16	① ② ③ ④ ⑤

(30分・50点満点)

化　学　基　礎

(解答番号 [1] ～ [16])

> 必要があれば，原子量は次の値を使うこと。
>
> Al　27

第1問　次の問い(問1～9)に答えよ。(配点　30)

問1　次の**ア～オ**の物質のうち，混合物であるものの組合せを，後の ①～⑤ のうちから一つ選べ。 [1]

ア　塩酸　　**イ**　空気　　**ウ**　オゾン　　**エ**　フラーレン　　**オ**　酸化銅(Ⅱ)

① ア・イ　② ア・オ　③ イ・ウ　④ イ・エ　⑤ ウ・エ

問2　同位体に関する記述として**誤りを含むもの**を，次の ①～⑤ のうちから一つ選べ。 [2]

① 原子番号は同じであるが，質量数が異なる。

② 中性子の数は同じだが，陽子の数が異なる。

③ 同位体どうしの化学的性質はほぼ同じである。

④ 放射性同位体がもとの半分の量になるのに要する時間を半減期という。

⑤ ^{14}C は放射性同位体であり，出土品などに存在する ^{14}C の割合を調べることで出土品の年代測定が可能になる。

1	① ② ③ ④ ⑤	2	① ② ③ ④ ⑤

問3　図1，2は，原子番号が1から11までの各元素について，原子番号とその元素のある性質との関係を示したものである。横軸を原子番号としたとき，縦軸が表すものの組合せとして最も適当なものを，後の ①～⑥ のうちから一つ選べ。 **3**

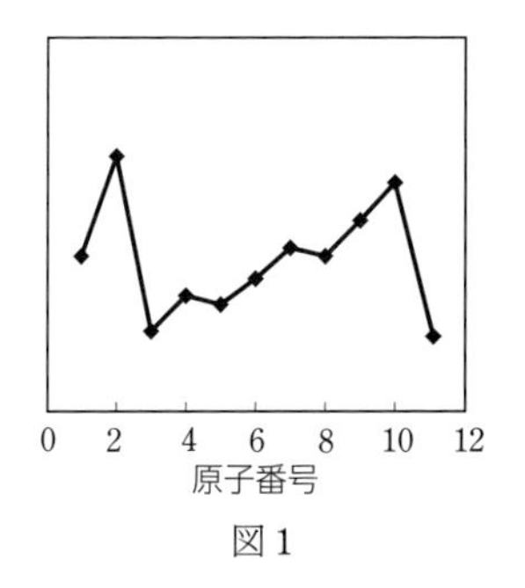

図1

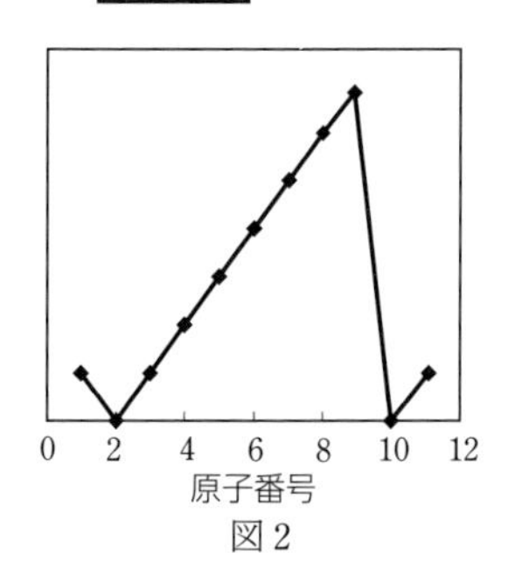

図2

	図1	図2
①	イオン化エネルギー	最外殻電子の数
②	イオン化エネルギー	価電子の数
③	イオン化エネルギー	電気陰性度
④	電子親和力	最外殻電子の数
⑤	電子親和力	価電子の数
⑥	電子親和力	電気陰性度

問4　硝酸カリウム KNO_3 の溶解度が，20℃で30g/100g水，80℃で170g/100g水であるとき，80℃の飽和溶液150gを20℃に冷却して KNO_3 の結晶を析出させ，ろ過により，20℃の飽和溶液と KNO_3 の結晶を分離した。得られた KNO_3 の結晶は何gになるか。最も適当な数値を，次の ①～⑤ のうちから一つ選べ。 **4** g

①　20　　②　26　　③　56　　④　78　　⑤　94

3	①　②　③　④　⑤　⑥	4	①　②　③　④　⑤

問5　分子の形と極性の有無の組合せについて**誤りを含むもの**を，次の ①～⑥ のうちから一つ選べ。 5

	分子式	分子の形	分子の極性
①	H_2O		有
②	CO_2		無
③	H_2		無
④	NH_3		無
⑤	CH_4		無
⑥	H_2S		有

問6　中和滴定に関する次の問い(a・b)に答えよ。

0.100 mol/L のシュウ酸水溶液 10.0 mL に指示薬として少量のフェノールフタレインを加えた。これをビュレットに入れた濃度不明の水酸化ナトリウム水溶液で滴定すると，フェノールフタレインの変色までに 20.0 mL の滴下が必要であった。

a　水酸化ナトリウム水溶液のモル濃度は何 mol/L か。最も適当な数値を，次の ①～⑥ のうちから一つ選べ。 6 mol/L

① 0.0250　② 0.0500　③ 0.100　④ 0.150　⑤ 0.200　⑥ 0.400

b　中和点での水溶液の色の変化はどのようになるか。最も適当なものを，次の ①～⑥ のうちから一つ選べ。 7

① 黄→赤　② 赤→黄　③ 無色→黄　④ 黄→無色　⑤ 無色→赤　⑥ 赤→無色

5	① ② ③ ④ ⑤ ⑥	6	① ② ③ ④ ⑤ ⑥	7	① ② ③ ④ ⑤ ⑥

問7　下線を引いた H_2O が還元剤としてはたらいている化学変化として最も適当なものを，次の ①～④ のうちから一つ選べ。 8

① $HCl + \underline{H_2O} \longrightarrow H_3O^+ + Cl^-$

② $2Na + 2\underline{H_2O} \longrightarrow 2NaOH + H_2$

③ $2F_2 + 2\underline{H_2O} \longrightarrow 4HF + O_2$

④ $NH_3 + \underline{H_2O} \longrightarrow NH_4^+ + OH^-$

問8　過酸化水素水と硫酸酸性の 0.10 mol/L 二クロム酸カリウム水溶液 10 mL を過不足なく反応させた。このとき発生する酸素の標準状態における体積は何 mL か。最も適当な数値を，後の ①～⑤ のうちから一つ選べ。ただし，過酸化水素と二クロム酸カリウムの反応は，それぞれ次のようになる。また，標準状態(0℃，1.013×10^5 Pa)における気体の体積は 22.4 L/mol とする。 9 mL

$$H_2O_2 \longrightarrow O_2 + 2H^+ + 2e^-$$

$$Cr_2O_7^{2-} + 14H^+ + 6e^- \longrightarrow 2Cr^{3+} + 7H_2O$$

① 11.2　② 22.4　③ 67.2　④ 134　⑤ 269

問9　電池に関する記述として**誤りを含むもの**を，次の ①～⑤ のうちから一つ選べ。 10

① 電池の負極では酸化反応が起こる。

② 電流は電池の正極から負極に向かって流れる。

③ 電池のうち，充電によってくり返し使うことのできるものを一次電池という。

④ 水素と酸素の酸化還元反応を利用した電池は，燃料電池とよばれる。

⑤ リチウムイオン電池は起電力が大きく，スマートフォンやノートパソコンなどに広く利用されている。

8	① ② ③ ④	9	① ② ③ ④ ⑤	10	① ② ③ ④ ⑤

第2問　アルミニウムに関する次の問い(**問1〜5**)に答えよ。(配点　20)

ある量のアルミニウムに濃度不明の希塩酸をx〔mL〕加えたところ，y〔mol〕の水素が発生した。このとき，xとyの関係を図1に示す。

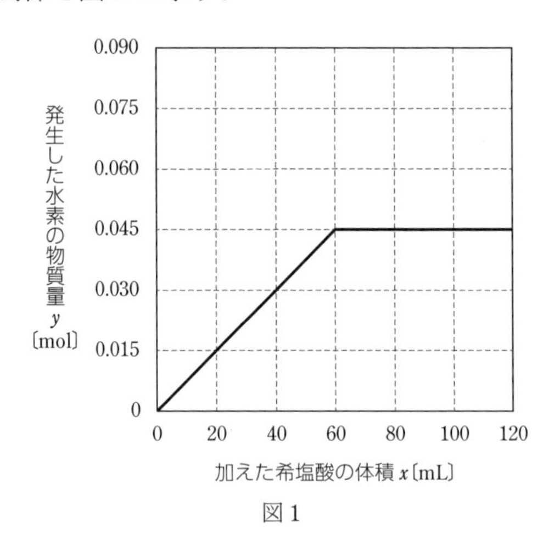

図1

問1　この反応を表した化学反応式の ア ～ ウ に入る係数の組合せとして最も適当なものを，後の①～⑥のうちから一つ選べ。 **11**

$$2Al + \boxed{ア}HCl \longrightarrow \boxed{イ}AlCl_3 + \boxed{ウ}H_2$$

	ア	イ	ウ
①	2	1	1
②	2	1	3
③	6	1	3
④	3	2	1
⑤	6	2	1
⑥	6	2	3

問2　この反応において，Alの酸化数は反応の前と後でどのように変化しているか。最も適当なものを，次の①～⑥のうちから一つ選べ。 **12**

① 0 ⟶ −6　② 0 ⟶ −3　③ 0 ⟶ −2
④ 0 ⟶ +2　⑤ 0 ⟶ +3　⑥ 0 ⟶ +6

11	① ② ③ ④ ⑤ ⑥	12	① ② ③ ④ ⑤ ⑥

問3 金属結合と金属の性質に関する記述として**誤りを含むもの**を，次の ①～⑤ のうちから一つ選べ。 13

① 金属結合は，自由電子による金属原子どうしの結合である。

② 金属は，自由電子が結晶中を移動できるため，熱や電気を伝えやすい。

③ 一般に金属元素は陰性が強いため，価電子が原子から離れやすく，自由電子となる。

④ 金属に他の元素の単体を混ぜたものを合金といい，もとの金属にはないさまざまな性質をもつ。

⑤ 金属はたたくと広がる性質や，引っ張ると細長く延びる性質がある。

問4 この実験に用いたアルミニウムの質量は何 g か。その数値を有効数字 2 桁の次の形式で表すとき， 14 と 15 に当てはまる数字を，後の ①～⓪ のうちからそれぞれ一つずつ選べ。ただし，同じものをくり返し選んでもよい。

14 . 15 $\times 10^{-1}$ g

① 1　② 2　③ 3　④ 4　⑤ 5

⑥ 6　⑦ 7　⑧ 8　⑨ 9　⓪ 0

問5 この実験で用いた希塩酸のモル濃度は何 mol/L か。最も適当な数値を，次の ①～⑥ のうちから一つ選べ。 16 mol/L

① 0.50　② 1.0　③ 1.5　④ 2.0　⑤ 2.5　⑥ 3.0

13	① ② ③ ④ ⑤	14	① ② ③ ④ ⑤ ⑥ ⑦ ⑧ ⑨ ⓪
15	① ② ③ ④ ⑤ ⑥ ⑦ ⑧ ⑨ ⓪	16	① ② ③ ④ ⑤ ⑥

【新課程】

ゼミノート化学基礎

教科書の整理から共通テストまで

● 編集協力者　　新井　利典
● 表紙デザイン　株式会社クラップス

ISBN978-4-410-13334-3

編　者　数研出版編集部
発行者　星野　泰也
発行所　**数研出版株式会社**
〒101-0052　東京都千代田区神田小川町２丁目３番地３
〔振替〕00140-4-118431
〒604-0861　京都市中京区烏丸通竹屋町上る大倉町 205 番地
〔電話〕代表 (075)231-0161
ホームページ　https://www.chart.co.jp
印　刷　岩岡印刷株式会社

乱丁本・落丁本はお取り替えいたします。　★★★　221001

実験装置と操作

関連したコンテンツをご覧いただけます。

ガスバーナーの使い方

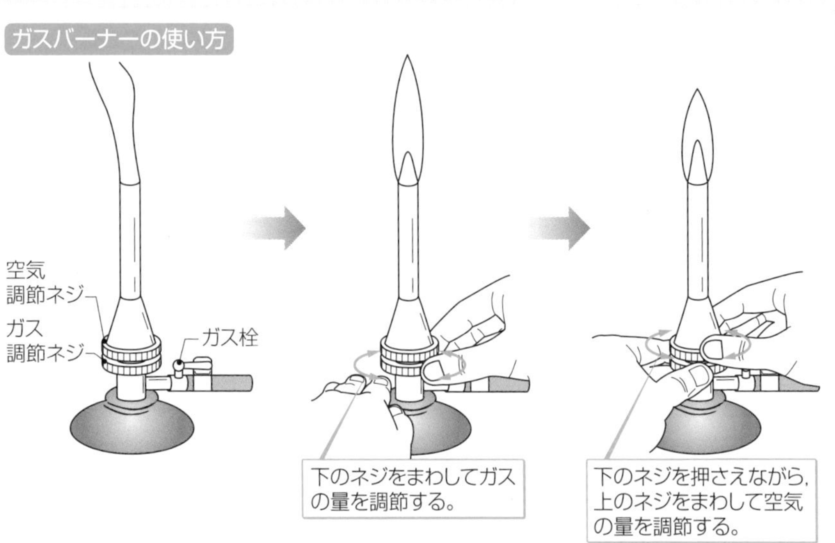

液体の試薬のとり方

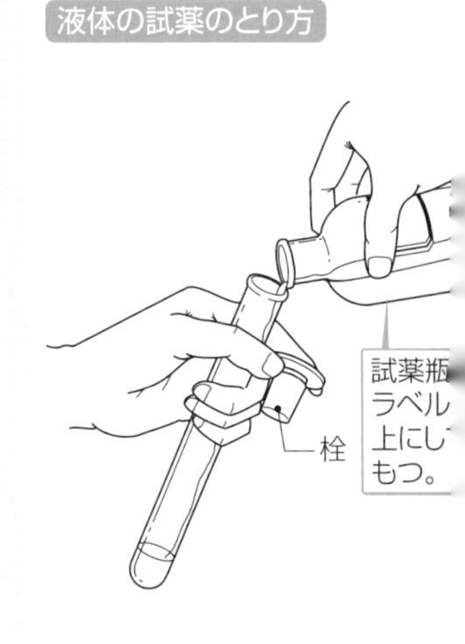

物質の分離

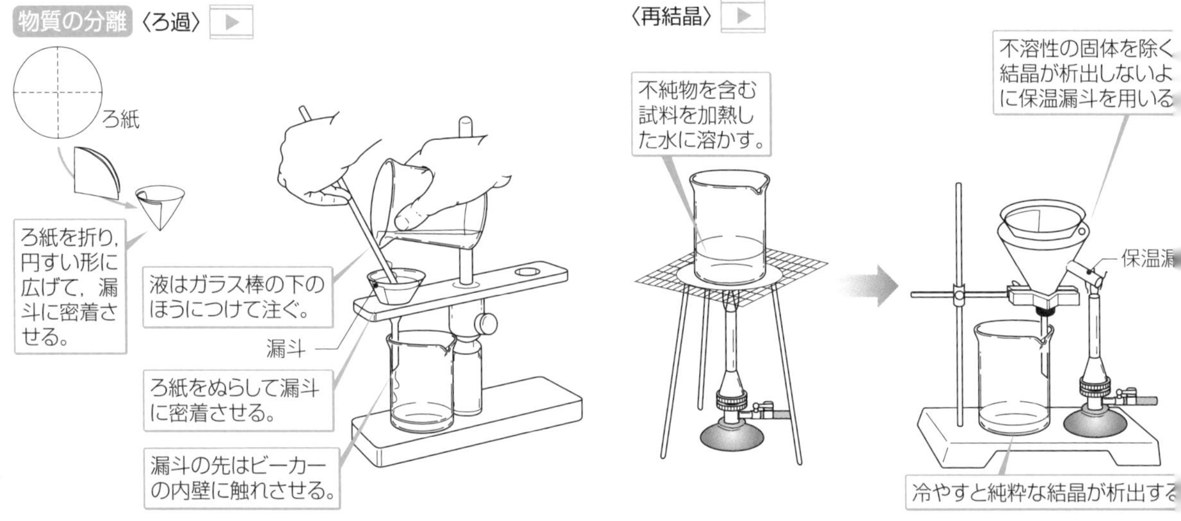

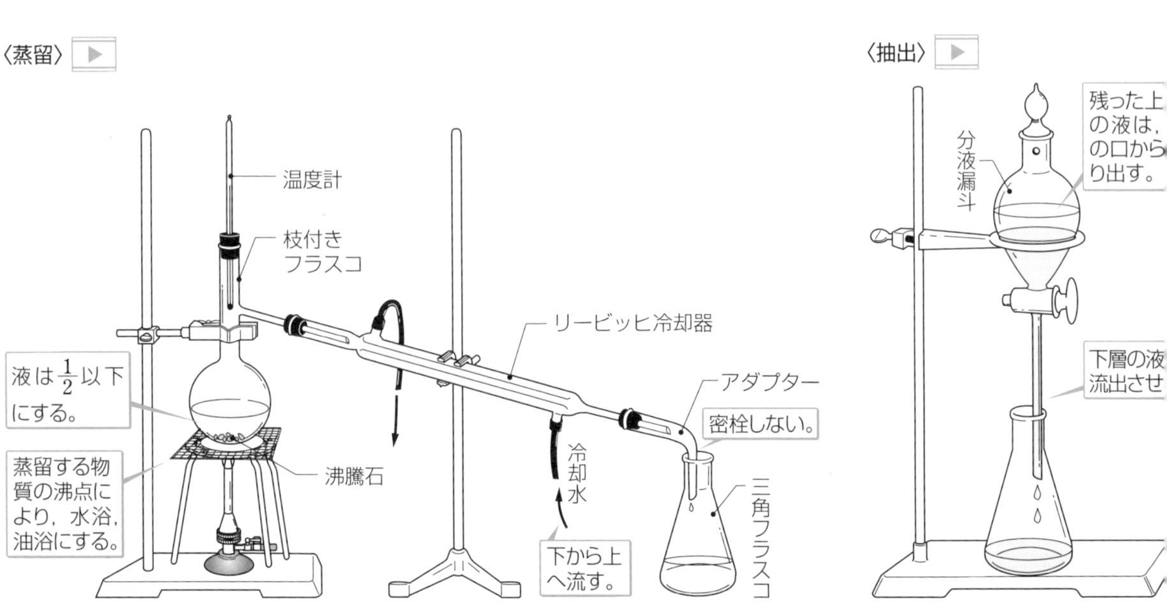

【新課程】

ゼミノート化学基礎

教科書の整理から共通テストまで

解答編

数研出版
https://www.chart.co.jp

第1章 物質の構成

空欄の解答 p.4～8

● p.4

① 混合物 ② 純物質 ③ 分離 ④ 精製 ⑤ ろ過
⑥ 蒸留 ⑦ 分留(または分別蒸留) ⑧ 再結晶
⑨ 昇華法 ⑩ 抽出 ⑪ クロマトグラフィー

● p.5

① 原子 ② 元素 ③ 90 ④ 元素記号 ⑤ H
⑥ He ⑦ C ⑧ N ⑨ O ⑩ P ⑪ S ⑫ Cl
⑬ I ⑭ Ne ⑮ Ar ⑯ Na ⑰ Mg ⑱ Al ⑲ K
⑳ Ca ㉑ Fe ㉒ Cu ㉓ Zn ㉔ Ag ㉕ Hg
㉖ 単体 ㉗ 化合物

● p.6

① 同素体 ② 炭素 ③ ダイヤモンド ④ リン
⑤ 赤リン ⑥ 酸素 ⑦ オゾン ⑧ 硫黄
⑨ 炎色反応 ⑩ 赤 ⑪ 黄 ⑫ 赤紫 ⑬ 橙赤
⑭ 紅 ⑮ 黄緑 ⑯ 青緑 ⑰ ナトリウム ⑱ 銀
⑲ 塩素 ⑳ 炭素 ㉑ 水素

● p.7

① 拡散 ② 熱 ③ 激しく
④,⑤,⑥ 固体，液体，気体(順不同) ⑦ 物理
⑧ 化学 ⑨ 引力 ⑩ 融解 ⑪ 凝固 ⑫ 蒸発
⑬ 凝縮 ⑭ 昇華 ⑮ 凝華(昇華)

● p.8

① 融解 ② 融点 ③ 一定 ④ 熱運動 ⑤ 蒸発
⑥ 熱運動 ⑦ 凝縮 ⑧ 内部 ⑨ 沸騰 ⑩ 沸点
⑪ 一定 ⑫ 凝固 ⑬ 凝固点 ⑭ 一定 ⑮ 同じ

例題 類題 p.9

〔例題1〕

① 単体 ② 化合物 ③ 純物質 ④ 単体 ⑤ 化合物
⑥ 単体 ⑦ 混合物 ⑧ 混合物 ⑨ 化合物

〔類題1〕

3つ

解説 混合物とは2種類以上の物質が混じりあったものであり，身のまわりのほとんどのものが混合物である。
(ウ) 食塩水は水と食塩の混合物。
(キ) 石油はさまざまな成分(おもに炭化水素)の混合物。石油は分留によって，ガソリン，灯油，軽油などに分けられる。ガソリン，灯油，軽油などもさまざまな物質からなる混合物である。
(ク) 海水は水と塩化ナトリウムや塩化マグネシウムなどの混合物。

〔例題2〕

⑩ 単体 ⑪ 元素 ⑫ 単体 ⑬ 元素 ⑭ 単体 ⑮ 元素

〔類題2〕

(1) 単体 (2) 元素 (3) 単体 (4) 単体

解説 (1) 空気中の窒素 N_2 は物質そのものを表しているので，単体である。
(2) 窒素 N はアンモニア NH_3 の構成成分であるので，元素である。
(3) 酸素 O_2 やオゾン O_3 は物質そのものを表しているので，単体である。
(4) 塩素 Cl_2 は物質そのものを表しているので，単体である。

定期テスト対策問題 p.10～11

1 (1) (ア) ③ (イ) ⑤ (ウ) ② (エ) ④
(2) (a) ③ (b) ② (c) ③

解説 (1) (イ) 海水を加熱すると水だけが蒸発するから，それを冷却して蒸留水を得る。
(ウ) ヨウ素の固体を加熱すると直接気体になり(昇華)，これを冷たいものに触れさせると，液体にならずに直接結晶になる。
(エ) 石油(原油)は沸点の異なるさまざまな化合物の混合物である。その沸点の違いを利用してナフサ，灯油，その他の成分に分けて(分留)利用する。
(2) (a) フラスコに入れる液体の量は，フラスコの球部の半分以下にする。多く入れ過ぎると，沸騰時に液体がフラスコの枝に入るおそれがある。
温度計の球部は，フラスコの枝の付け根の位置にする。これは留出分の温度を正しくはかるためである。(液体の沸点をはかるときには液中に入れる。)
(b) リービッヒ冷却器には(イ)から水を入れ，冷却器内の空気を(ア)から押し出しながら冷却器に水を満たす。(ア)から水を入れると，冷却器の中に空気が残ったままになって，冷却効率が悪くなる。
(c) 液体が何かのきっかけで突発的に沸騰することを突沸といい，フラスコなどから液体が飛び出したり，激しいときはフラスコなどを破損することがある。突沸を防ぐためには，沸騰石を加熱する液中にあらかじめ入れておく。沸騰石中に含まれている空気が，加熱によって膨張して気泡になって出ていると，これが核になって液中での液体の蒸発(沸騰)がスムーズに行われる。

2 (1) 蒸発 (2) 凝固 (3) 凝縮 (4) 昇華

解説 (1) 液体から気体に変わる状態変化は蒸発である。
(2) 液体から固体になる状態変化は凝固である。
(3) 空気中の水蒸気が冷やされて水に変化している。この状態変化は凝縮である。

(4) ヨウ素やドライアイスは昇華性をもつ。

3 (ア) 気体 (イ) 固体 (ウ) 液体 (エ) 熱運動
(オ) 密度

解説 物質の状態(固体，液体，気体)は，粒子間の引力と粒子の熱運動との大小関係で決まる。熱運動は温度が高くなると増大するので，温度が高くなるにつれ固体→液体→気体へと状態が変化する。
固体を加熱していくと，分子の熱運動が激しくなって，分子間の引力を断ち切って動き出し，液体になる(融解)。液体を加熱していくと，分子が液体から飛び出して広い空間で自由に動きまわり気体になる(沸騰)。
一般には固体で最も分子どうしが密集するので，固体で密度(単位体積当たりの質量)が最大になる(水は例外で，液体のときのほうが密度が大きい)。

4 (ア) 単体 (イ) S (ウ) C (エ) O (オ) P
(カ) 黒鉛 (キ) オゾン (ク) 赤リン

解説 同素体は同じ元素からなる単体であり，硫黄 S，炭素 C，酸素 O，リン P(同素体は SCOP(スコップ)と覚える)において存在する。炭素の同素体には黒鉛やダイヤモンド，フラーレン，カーボンナノチューブなどが，酸素の同素体には酸素とオゾンが，リンの同素体には赤リンと黄リンが，硫黄の同素体には単斜硫黄，斜方硫黄，ゴム状硫黄が存在する。

5 (ア) 炎色反応 (イ) 赤 (ウ) 黄 (エ) 赤紫
(オ) 黄 (カ) 白 (キ) 塩素の(塩化物) (ク) 銀
(ケ) 二酸化炭素 (コ) 炭素

解説 (ア)～(オ) 金属イオンはそれぞれ特有の炎色反応を示し，その色は Li は赤色，Na は黄色，K は赤紫色となる。食塩水には Na^+ が含まれるため，その炎色反応は黄色を示す。
(カ)～(ク) 食塩水中の塩化物イオン Cl^- と硝酸銀水溶液中の銀イオン Ag^+ が反応すると白色の塩化銀 AgCl を生じる。
(ケ)～(コ) 石灰水に二酸化炭素 CO_2 を通じると，白くにごる。このことから大理石には元素として炭素 C が含まれることがわかる。

6 (1) t_2：融点 t_3：沸点 (2) BC 間：固体と液体
EF 間：気体 (3) DE 間 (4) AC 間 (5) 昇華

解説 状態変化が起きている間は状態変化に熱エネルギーが用いられるため，温度は一定となる。この問題における物質の状態は次の図のようになる。

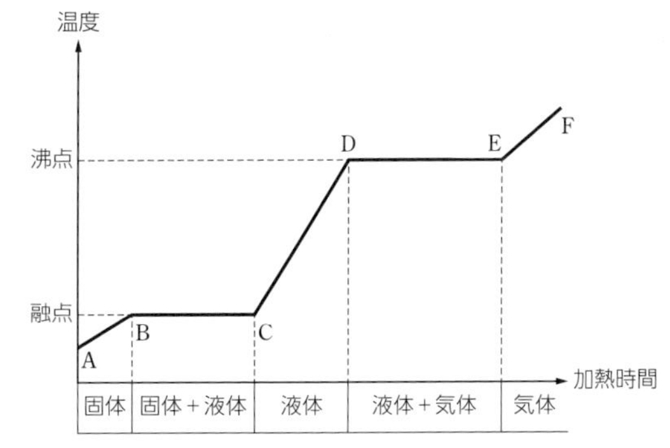

(1) BC 間では融解が起きているので，t_2 は融点となる。また，DE 間では沸騰が起きているので，t_3 は沸点となる。
(2) BC 間では融解が起きているので，固体と液体が混ざった状態になる。EF 間ではすべて気体となっている。
(3) 沸騰が起きて液体から気体への状態変化が起こっている間は，温度は一定になる。
(4) 固体である氷は融解が終わるまで存在しているので，氷が存在するのは AC 間となる。
(5) 固体から気体に直接変化する状態変化のことを昇華という。逆に，気体から固体へ直接変化する状態変化のことを凝華という(昇華ということもある)。

第2章 物質の構成粒子

空欄の解答 p.12～18

● p.12

① 10^{-10} ② いる ③ 陽子 ④ 中性子 ⑤ 0

⑥ 1 ⑦ 電子 ⑧ −1 ⑨ $\frac{1}{1840}$

⑩，⑪ 陽子，電子(順不同) ⑫ 中性

⑬，⑭ 陽子，中性子(順不同) ⑮ 原子核

⑯ 質量数 ⑰ 陽子 ⑱ 中性子 ⑲ 電子 ⑳ 質量数

㉑ 原子番号 ㉒ 同位体 ㉓ 原子番号 ㉔ 化学的

㉕ 質量数

● p.13

① 1 ② 1 ③ 1 ④ 17 ⑤ 18 ⑥ 17 ⑦ 17

⑧ 20 ⑨ 17 ⑩ 電子殻 ⑪ L ⑫ M ⑬ N ⑭ K

⑮ 2 ⑯ L ⑰ 8 ⑱ M ⑲ 閉殻 ⑳ 8

㉑ 電子配置 ㉒ 放射性同位体 ㉓ 放射能 ㉔ 半減期

● p.14

① ネオン ② アルゴン ③ 18

④ 貴ガス(または希ガス) ⑤ 閉 ⑥ 8 ⑦ 0

⑧ 不活性 ⑨ 8 ⑩ 8 ⑪ 8 ⑫ 価電子

⑬ (よく)似ている ⑭ 0 ⑮ 1 ⑯ 1 ⑰ 2 ⑱ 2

⑲ 3 ⑳ 3 ㉑ 4 ㉒ 4 ㉓ 5 ㉔ 5 ㉕ 6 ㉖ 6

㉗ 7 ㉘ 7 ㉙ 8 ㉚ 0 ㉛ 1 ㉜ 1 ㉝ 2 ㉞ 2

㉟ 3 ㊱ 3 ㊲ 4 ㊳ 4 ㊴ 5 ㊵ 5 ㊶ 6 ㊷ 6

㊸ 7 ㊹ 7 ㊺ 8 ㊻ 0 ㊼ 1 ㊽ 1 ㊾ 2 ㊿ 2

(51) 1 (52) 2 (53) 3 (54) 4 (55) 5 (56) 6 (57) 7 (58) 0

● p.15

① 中性 ② 電気 ③ イオン(または単原子イオン)

④ 正 ⑤ 陽イオン ⑥ 負 ⑦ 陰イオン ⑧ 価数

⑨ Na^+ ⑩ Ne ⑪ 2 ⑫ 2 ⑬ 陽 ⑭ Cl^- ⑮ Ar

⑯ 2 ⑰ 2 ⑱ 2 ⑲ 陰 ⑳ 多原子イオン

● p.16

① 陽イオン ② イオン化エネルギー ③ 小さい

④ 陽 ⑤ 陰イオン ⑥ 電子親和力 ⑦ 大きい

⑧ 陰

● p.17

① 原子番号 ② 性質 ③ 周期律 ④ 価電子

⑤ イオン化エネルギー ⑥ 原子番号 ⑦ 縦

⑧ 周期表 ⑨ メンデレーエフ ⑩ 族 ⑪ 周期

⑫ 典型元素 ⑬ 価電子 ⑭ 価電子 ⑮ 遷移元素

⑯ 横 ⑰ 金属元素 ⑱ 陽 ⑲ 陽 ⑳ 左下

㉑ 非金属元素 ㉒ 陰 ㉓ 陰 ㉔ 右上 ㉕ フッ素

● p.18

① 同族元素 ② アルカリ金属 ③ Li，Na，K

④ 1 ⑤ 1 ⑥ アルカリ土類金属 ⑦ Be，Mg，Ca

⑧ 2 ⑨ 2 ⑩ ハロゲン ⑪ F，Cl，Br，I ⑫ 7

⑬ 1 ⑭ 二原子 ⑮ 貴ガス(または希ガス)

⑯ He，Ne，Ar ⑰ 0 ⑱ 陰 ⑲ 陽

●●● 定期テスト対策問題 p.19

1

(ア) 原子核 (イ) 電子 (ウ) 陽子 (エ) 中性子
(オ) 原子番号 (カ) 同位体 (キ) 質量数
(ク) 電子殻 (ケ) K (コ) L (サ) M (シ) 2
(ス) 8 (セ) 18 (ソ) 価電子
(タ) 貴ガス(または希ガス) (チ) 閉殻 (ツ) 0
(テ) アルカリ金属(または1族)
(ト) (1価の)陽イオン
(ナ) ハロゲン(または17族)
(ニ) (1価の)陰イオン

解説 (ア)～(キ) 原子では，次の2つの関係がある。

原子番号＝陽子の数＝電子の数

質量数＝陽子の数＋中性子の数

同位体は，陽子の数は同じであるが，中性子の数が異なる。よって，原子番号が同じで質量数が異なる。

(シ)～(セ) 原子核に近いほうから n 番目の電子殻が収容できる電子の最大数は $2n^2$ 個である。

(タ)～(ニ) 単原子イオンの電子配置は，原子番号が最も近い貴ガス原子の電子配置と同じものが多い。よって，

価電子が1個の原子 → 1価の陽イオンになる。
価電子が2個の原子 → 2価の陽イオンになる。
価電子が6個の原子 → 2価の陰イオンになる。
価電子が7個の原子 → 1価の陰イオンになる。

2

(a，b，c) ④ (x，y，z) ①

解説 原子から電子1個を取りさって，1価の陽イオンにするのに必要なエネルギーをイオン化エネルギーという。この値が小さいものは陽イオンになりやすく，この値が大きいものは陽イオンになりにくい。

周期表の同じ周期の元素を比べると，1族のアルカリ金属元素のイオン化エネルギーが最も小さく，18族の貴ガス元素のイオン化エネルギーが最も大きい。このことが各周期ごとにくり返されている。よって，図の a，b，c は貴ガス元素のHe，Ne，Arであり，x，y，z はアルカリ金属元素のLi，Na，Kである。

3

(1) ③ (2) ② (3) ④ (4) ⑤

解説 (1) 元素記号の左上の数字は質量数，左下の数字は原子番号である。

質量数＝陽子の数＋中性子の数

原子番号はCは6，Nは7である。

(2) それぞれ中性子の数は,

① $^{12}_{6}C$: $12-6=6$　$^{13}_{6}C$: $13-6=7$

② $^{19}_{9}F$: $19-9=10$　$^{20}_{10}Ne$: $20-10=10$

③ $^{24}_{12}Mg$: $24-12=12$　$^{20}_{10}Ne$: $20-10=10$

④ $^{40}_{18}Ar$: $40-18=22$　$^{56}_{26}Fe$: $56-26=30$

⑤ $^{40}_{19}K$: $40-19=21$　$^{40}_{20}Ca$: $40-20=20$

(3) それぞれの原子の周期表の族と価電子の数は,

B : 13族, 3個　Mg : 2族, 2個

P : 15族, 5個　Si : 14族, 4個

(4) 電子の総数は分子を構成する原子の原子番号の和に等しい。陽イオンでは価数だけ電子の数は少なく,陰イオンでは価数だけ多くなる。それぞれ電子の総数は,

① CH_4 : $6+1\times4=10$

S^{2-} : $16+2=18$

② Cl^- : $17+1=18$

H_2O : $1\times2+8=10$

③ OH^- : $8+1+1=10$

Li^+ : $3-1=2$

④ K^+ : $19-1=18$

Al^{3+} : $13-3=10$

⑤ H_2S : $1\times2+16=18$

HCl : $1+17=18$

第3章 粒子の結合

空欄の解答 p.20～31

● p.20

① 静電気力(またはクーロン力) ② イオン結合
③ 結晶 ④ イオン結晶 ⑤ 中性 ⑥ 高い
⑦ やすい ⑧ 通さない ⑨ 融解 ⑩ イオン
⑪ 通す ⑫ 電離 ⑬ 電解質 ⑭ 非電解質

● p.21

① 組成式 ② 陽 ③ 陰 ④ 中性 ⑤ NH_4NO_3
⑥ Na_2CO_3 ⑦ CaO ⑧ Fe_2O_3 ⑨ NaOH
⑩ $Cu(OH)_2$ ⑪ 6 ⑫ 8 ⑬ 配位数 ⑭ 結晶格子
⑮ 単位格子

● p.22

① 分子 ② 電荷 ③ 分子式 ④ 化学式
⑤ 共有結合 ⑥ 共有電子対 ⑦ 非共有電子対
⑧ He(ヘリウム) ⑨ 共有 ⑩ 2 ⑪ 1
⑫ He(ヘリウム) ⑬ Ne(ネオン) ⑭ 2 ⑮ 2
⑯ 共有 ⑰ 非共有

● p.23

① 不対電子 ② 2 ③ 1 ④ 電子式 ⑤ 1
⑥ 構造式 ⑦ 単結合 ⑧ 二重結合 ⑨ 三重結合

● p.24

① 原子価 ② 不対 ③ 非共有 ④ 配位
⑤ アンモニア(NH_3) ⑥ 非共有 ⑦ 非共有電子対
⑧ 錯 ⑨ 配位子 ⑩ 6

● p.25

① 電気陰性度 ② 陰 ③ 陽 ④ 極性
⑤ 電気陰性度 ⑥ ない ⑦ 大き ⑧ 負 ⑨ 正
⑩ ある ⑪ 極性 ⑫ 無極性 ⑬ 形(または構造)

● p.26

① 分子間力 ② 弱 ③ 高 ④ 強(または大き)
⑤ 高 ⑥ 強(または大き) ⑦ 高 ⑧ 極性 ⑨ 負
⑩ 水素結合 ⑪ 水素結合 ⑫ ファンデルワールス力

● p.27

① 分子結晶 ② 分子間力 ③ 弱(または小さ)
④ 低 ⑤ 昇華 ⑥ 通さない ⑦ 電解質 ⑧ 通す
⑨ H_2 ⑩ O_2 ⑪ HCl ⑫ NH_3 ⑬ CH_4
⑭ 高分子化合物 ⑮ 単量体 ⑯ 重合体 ⑰ 重合

● p.28

① エチレン ② 付加重合 ③ エチレングリコール
④ テレフタル酸 ⑤ 縮合重合 ⑥ 共有結合の結晶
⑦ 組成式 ⑧ 平面

● p.29

① 陽イオン ② 自由電子 ③ 金属結合 ④ 組成式

● p.30

① 展性 ② 延性 ③ (金属)光沢 ④ 導体 ⑤ 鉄 Fe
⑥ アルミニウム Al ⑦ 銅 Cu ⑧ 合金 ⑨ 六方
⑩ 体心立方

● p.31

① 化学結合 ② 分子式 ③ Ar ④ O_2 ⑤ Cl_2
⑥ HCl ⑦ 整数比 ⑧ 組成式 ⑨ Cu ⑩ C
⑪ SiO_2 ⑫ $CaCl_2$ ⑬ 電荷 ⑭ NH_4^+ ⑮ SO_4^{2-}
⑯ 価標 ⑰ H−O−H ⑱ O=C=O

基礎ドリル p.32～33

1

(1) N_2 (2) Cl_2 (3) HCl (4) H_2S (5) H_2O_2
(6) NO_2 (7) H_2SO_4 (8) H_3PO_4

解説 単体の分子は，気体であれば二原子分子が多い(貴ガスを除く)。化合物では，二酸化窒素 NO_2 のように，物質名から分子式を書けるものが多い。

2

(1) Na^+ (2) Zn^{2+} (3) Mg^{2+} (4) Ag^+
(5) Fe^{3+} (6) Cu^{2+} (7) Ba^{2+} (8) NH_4^+
(9) F^- (10) S^{2-} (11) SO_4^{2-} (12) CO_3^{2-}
(13) NO_3^- (14) OH^- (15) PO_4^{3-}

解説 単原子イオンの価数は，周期表を参考にできるものが多い。

3

(1) Si (2) Al (3) K (4) Pb (5) Ca (6) $CaCl_2$
(7) NH_4Cl (8) AgCl (9) Na_2O (10) Al_2O_3
(11) CuO (12) Fe_2O_3 (13) ZnS (14) CuS
(15) $CaCO_3$ (16) Na_2CO_3 (17) $NaHCO_3$
(18) $CuSO_4$ (19) $Al_2(SO_4)_3$ (20) $(NH_4)_2SO_4$
(21) $BaSO_4$ (22) KNO_3 (23) NH_4NO_3
(24) $AgNO_3$ (25) NaOH (26) $Ca(OH)_2$
(27) $Al(OH)_3$

解説 金属や共有結合の結晶の単体は，元素記号がそのまま化学式(組成式)になる。
イオンからなる物質は，陽イオンと陰イオンとが，ちょうど電気的に中性になるように数を組み合わせて組成式をつくる。そのためにも，**2** で学習したようにイオンを表す化学式を覚えておくことが大切である。

4

(1) ①

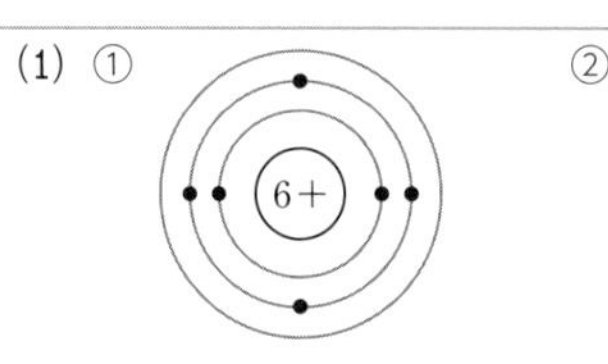

価電子：4 個

②

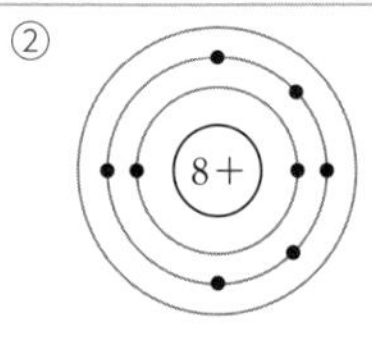

価電子：6 個

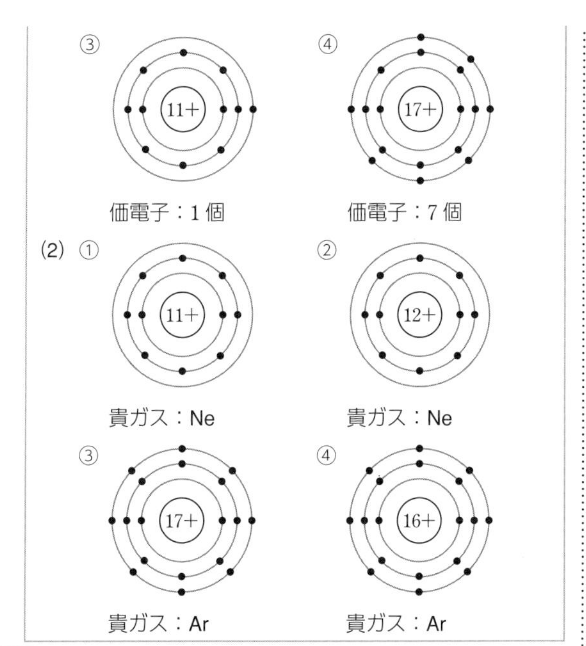

解説 (1) 電子殻は内側からK，L，M殻に最大で2，8，18個の電子が入る。最外殻電子は価電子ともよばれ，その数は原子の化学的性質を決定する。ただし，He，Ne，Arなど貴ガスは，価電子の数は0とする。
(2) 原子に電子が出入りして安定な電子配置(閉殻または最外殻電子が8個)になったものが単原子イオンである。したがって，単原子イオンは貴ガスと同じ電子配置をとる。

5

(1) H:H　(2) H:C̤̈l:　(3) :C̤̈l:C̤̈l:

(4) H:Ö:H　(5) H:N̈:H（下にH）　(6) :C̤̈l:C:C̤̈l:（上下に:C̤̈l:）

(7) :Ö::C::Ö:　(8) :N⋮⋮N:

解説 電子式は原子のまわりの最外殻電子をすべて点・で書き表した化学式である。まず，「共有電子対」を書き，次いで各原子のまわりについて8個(Hの場合は2個)になるように「非共有電子対」を書き込めばよい。多くの場合この方法で対応できる。

6

(1) H-H　(2) H-Cl　(3) Cl-Cl　(4) H-O-H

(5) H-N-H（下にH）　(6) Cl-C-Cl（上下にCl）　(7) O=C=O　(8) N≡N

解説 構造式は共有電子対を線で表した化学式である。1つの原子から出ている線の本数を原子価といい，原子がもつ不対電子の数に等しく，H…1　O…2　N…3　C…4　Cl(ハロゲン)…1である。
構造式は原子のつながりを表した化学式であるので，分子の形を必ずしも正しく表すものではない。したがって，H_2OはH-O（Oの下に-H）と書いてもよい。

●●● 定期テスト対策問題　p.34～35

1

(ア) M　(イ) M　(ウ) ネオン(Ne)
(エ) アルゴン(Ar)　(オ) イオン
(1) 静電気力(またはクーロン力)
(2) (1：1) CaO，NH_4NO_3　(2：3) Al_2O_3

解説 電子が出入りすることで，原子から安定な電子配置のイオンが生じる。
(2) イオンを表す化学式はそれぞれNH_4^+，Ca^{2+}，Al^{3+}，O^{2-}，NO_3^-である。電気的に中性になるように陽イオンと陰イオンの数を合わせて，組成式をつくる。

2

(ア) 共有　(イ) 共有結合　(ウ) 非金属　(エ) 強い
(オ) オキソニウム　(カ) 非共有　(キ) 配位結合

解説 共有結合は，非金属元素の原子における不対電子を共有することで形成される。また，配位結合は一方の原子がもっている非共有電子対を他方の原子に差し出すことで形成される，特殊な共有結合といえる。

3

(ア) 熱　(イ) 延性　(ウ) イオン化
(エ) 価電子(または電子)　(オ) 陽イオン
(カ) 自由電子　(キ) 固体　(ク) 高い

解説 金属結合の特徴は自由電子にある。これにより，電気や熱の伝導性，延性・展性，金属光沢などが説明できる。また，金属結合は強い結合なので，水銀Hg(液体)を除き常温で固体(結晶)である。

4

(1) (a) ウ　(b) エ　(2) ウ
(3) (a) ア，ク　(b) キ　(c) イ，ケ
(4) 電気陰性度
(5) カ　(理由) Cl原子よりもF原子のほうがH原子との電気陰性度の差が大きいため。
(6) ア，ウ　(理由) ともに原子間の結合には極性があるが，メタン分子は正四面体形，二酸化炭素分子は直線形で対称的な構造をしているため，結合の極性が打ち消され，分子全体としては無極性になるため。

解説 (1) 構造式で書くとわかりやすい。(ウ) O=C=O (エ) N≡Nである。
(2) 電子式は以下の通りである。

(ア) H:C:H（上下にH）　(イ) H:N̈:H（下にH）　(ウ) Ö::C::Ö

(エ) :N⋮⋮N:　(オ) H:C̤̈l:　(カ) H:F̤̈:

（キ）$H:\ddot{\underset{..}{S}}:H$

このうち非共有電子対の最も多いものは，（ウ）CO_2 の4対である。

(3) NH_4^+，H_3O^+ は，アンモニア NH_3，水 H_2O の非共有電子対が H^+ に配位結合したもので，その形は非共有電子対の伸びる方向に関係する。すなわち，NH_4^+ ではメタンと同じ正四面体形，H_3O^+ ではアンモニアと同じ三角錐形となる。

(4), (5) 電気陰性度は共有電子対を引きつける尺度なので，原子間でこの差が大きいほど共有電子対は一方の原子のほうにかたよる(極性が大きい)ことになる。

(6) CH_4 は正四面体形の分子なので，C-H の結合の極性が分子全体では打ち消されて無極性分子となる。同様に，CO_2 は直線形の分子なので C=O の極性が打ち消されて無極性分子になる。

5 (1) ア，ウ　(2) エ，オ　(3) エ　(4) イ，オ　(5) イ

解説 電子の数から5種類の元素はそれぞれ，以下の通りである。

（ア）He　（イ）C　（ウ）Ne　（エ）Na　（オ）Cl

(4) 分子からなる化合物は CCl_4 テトラクロロメタンである。

(5) C はダイヤモンドや黒鉛のような共有結合の結晶をつくる。

6 (1) エ　(2) イ，オ　(3) イ　(4) ア，イ，ウ

解説 原子，分子やイオンの間の結合について考える。

(1) Ag は金属結合をする。

(2) I と I の結合は共有結合で分子をつくる。さらに，I_2 分子間には分子間力がはたらいて結晶をつくる。

(3) SiO_2 は Si と O が三次元的に Si : O = 1 : 2 で共有結合でつながっている結晶である。

(4) NH_4^+ は N と H が4本の共有結合で結びついているが，そのうちの1本の結合の由来は配位結合である。そして，NH_4^+ と Cl^- 間はイオン結合である。

チャレンジ問題　p.38～39

1 (1) ②　(2) ⑥　(3) ③　(4) ④

解説 最も外側の電子殻とその電子の数から，これらの電子配置をもつ原子は，（ア）He，（イ）C，（ウ）Ne，（エ）Na，（オ）Cl と判断できる。

(1)（イ）の原子は最も外側の電子殻がL殻で電子の数が4つなので，炭素Cになる。

(2) 3価の陽イオンがNeと同じ(ウ)の電子配置になるのは，Neよりも原子番号が3つ大きいAlである。

(3)（ア）の電子配置をもつ1価の陽イオンはLi^{+}，(ウ)の電子配置をもつ1価の陰イオンはF^{-}である。よって，これらのイオンからなる化合物はLiFとなる。

(4) ① 正しい。(ア)Heなどの貴ガスは，その電子配置が閉殻または最外殻電子の数が8個であるため，他の原子とほとんど反応しない。

② 正しい。(イ)炭素Cは不対電子を4つもち，その原子価が4のため，二重結合や三重結合をつくることができる。

③ 正しい。(ウ)Neなどの貴ガスは常温・常圧で気体として存在している。

④ 誤り。イオン化エネルギーは同周期だと原子番号が大きいほど大きくなる。よって，同周期にある(エ)Naと(オ)Clでは，原子番号の大きいClのほうがイオン化エネルギーは大きい。

⑤ 正しい。Cl原子とH原子からなるHClは，非金属元素の原子どうしが共有結合によって結合してできた化合物である。

2 (1) ④　(2) ③　(3) ②　(4) ⑤　(5) ①　(6) ②

解説 (1)（ア)水素原子と酸素原子はともに非金属であるため，**共有結合**を形成する。(エ)水分子は分子間で**水素結合**を形成する。このため，融点や沸点が異常に高い。

(2), (3) 水の分子は，水素原子と酸素原子の**電気陰性度**の差が大きく，さらに**折れ線形**をしている。このため，分子全体として強い極性を帯びる。

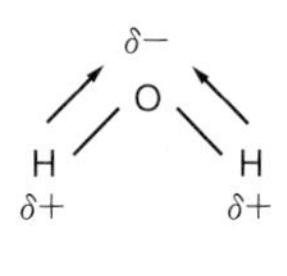

(4) ①～④ 分子の形と極性の有無はすべて正しい。

⑤ 塩化水素HClは，HとClという異なる原子からなる二原子分子であるので，極性をもつ。

(5) 金属元素と非金属元素から構成される化合物はイオン結合によって形成されている。

① 塩化水素は非金属どうしからなるため，共有結合でできている。

②～⑤ すべて金属と非金属からなるイオン結合性の物質になる。

(6) 電子式を書いて考える。非共有電子対の数はそれぞれ次のようになる。

	物質名	電子式	非共有電子対の数
①	水素	H:H	0
②	塩素	:Cl:Cl:	6
③	窒素	:N⋮⋮N:	2
④	アンモニア	H:N:H（N上に非共有電子対，下にH）	1

第4章 物質量と化学反応式

空欄の解答 p.40～50

● p.40

① 小さ　② 12　③ 同位体　④ 原子量　⑤ 98.93
⑥ 13.003　⑦ 1.07　⑧ 12.01　⑨ 34.969　⑩ 75.76
⑪ 36.966　⑫ 24.24　⑬ 35.45　⑭ 12　⑮ 原子量
⑯ 14　⑰ 1.0　⑱ 17　⑲ 原子量　⑳ 32　㉑ 16
㉒ 96

● p.41

① mol　② 6.02×10^{23}　③ アボガドロ定数
④ 6.02×10^{23}　⑤ 0.50　⑥ 9.0×10^{23}　⑦ 1.2×10^{24}
⑧ 2.4×10^{24}　⑨ 4.0　⑩ 1.2×10^{24}　⑪ 2.0　⑫ 0.50
⑬ 1.0　⑭ 9.0×10^{23}

● p.42

① モル質量　② 23　③ 44　④ 53.5　⑤ 32
⑥ モル質量　⑦ 同数　⑧ 6.02×10^{23}　⑨ 22.4

● p.43

① モル体積　② 22.4　③ 22.4　④ 17.0　⑤ 17.0
⑥ 22.4　⑦ 4：1　⑧ 0.200　⑨ 0.200　⑩ 6.40
⑪ 0.800　⑫ 0.800　⑬ 22.4　⑭ 28.8

● p.44

① 溶解　② 溶液　③ 溶媒　④ 溶質　⑤ 濃度
⑥ 質量パーセント濃度　⑦ モル濃度　⑧ $\dfrac{w}{W+w}$
⑨ $\dfrac{n}{V}$　⑩ cV

● p.45

① $\dfrac{10ad}{M}$　② $\dfrac{cM}{10d}$　③ 飽和溶液　④ 溶解度　⑤ 60
⑥ 60　⑦ 硝酸カリウム　⑧ 77　⑨ 析出しない
⑩ ろ過　⑪ 硝酸カリウム

● p.46

① 反応物　② 生成物　③ 化学式
④ 化学反応式(または反応式)　⑤ 物理変化
⑥ 反応物　⑦ 生成物　⑧ $\dfrac{7}{2}$　⑨ 2　⑩ 3　⑪ 5
⑫ 3　⑬ 4　⑭ O_2　⑮ CO_2　⑯ H_2O

● p.47

① $\dfrac{3}{2}O_2$　② CO_2　③ $2H_2O$　④ $3O_2$　⑤ $2CO_2$
⑥ $4H_2O$　⑦ Na_2CO_3　⑧ CO_2　⑨ H_2O　⑩ 2
⑪ Na_2CO_3　⑫ CO_2　⑬ H_2O　⑭ HCl　⑮ $AlCl_3$
⑯ H_2　⑰ 3HCl　⑱ $AlCl_3$　⑲ $\dfrac{3}{2}H_2$　⑳ 6HCl
㉑ $2AlCl_3$　㉒ $3H_2$　㉓ c　㉔ $2e$　㉕ $2c+d$
㉖ $6c+d+e$　㉗ $\dfrac{8}{3}$　㉘ 1　㉙ $\dfrac{2}{3}$　㉚ $\dfrac{4}{3}$　㉛ 8
㉜ 2　㉝ 4

● p.48

① イオンを含む反応式(イオン反応式)
②, ③ NO_3^-，Na^+(順不同)　④ 16　⑤ 6.02×10^{23}
⑥ 22.4

● p.49

① アンモニア　② 3　③ 2　④ 3　⑤ 2
⑥ 6.02×10^{23}　⑦ 6.02×10^{23}　⑧ 2.0　⑨ 17
⑩ 22.4　⑪ 22.4　⑫ 3　⑬ 2　⑭ 100　⑮ 0.050
⑯, ⑰ 70.0，5.0(順不同)　⑱ 72.8　⑲ 2.2　⑳ 44
㉑ 0.050　㉒ 1　㉓ 0.025　㉔ 0.025　㉕ 1

● p.50

① 9　② 8　③ 2

基礎ドリル p.51～54

1 (1) 13.004　(2) 12.01　(3) 27.0　(4) 1.9倍

解説 (1) ^{12}C 1個の質量：^{13}C 1個の質量 ＝ 12：^{13}C の相対質量であるから，

$$^{13}\text{C の相対質量} = 12 \times \frac{2.1593 \times 10^{-23}\,g}{1.9926 \times 10^{-23}\,g} = 13.0039\cdots$$
$$\fallingdotseq 13.004$$

(2) 同位体の相対質量×存在比の総和が元素の原子量である。

$$12 \times \frac{98.93}{100} + 13.004 \times \frac{1.07}{100} = 12.010\cdots \fallingdotseq 12.01$$

(3) ^{12}C 原子の質量を12としたときの原子の相対的な質量が相対質量であるから，Al の相対質量は，

$$12 \times 2.25 = 27.0$$

(4) 炭素の原子量は12である。原子量の比は原子1個の質量の比であるので，同じ質量(例えば1g)中の原子数の比は，

$$\frac{1}{12} \div \frac{1}{23} = 1.91\cdots \fallingdotseq 1.9$$

したがって，ダイヤモンド中の原子の数は，ナトリウム中の原子の数の1.9倍である。

2 6.0％

解説 ^{6}Li の存在比を x(％)とすると，^{7}Li の存在比は $(100-x)$％である。同位体の相対質量×存在比の総和が元素の原子量であるから，

$$6.0 \times \frac{x}{100} + 7.0 \times \frac{100-x}{100} = 6.94 \qquad x = 6.0(\%)$$

3 (1) 60.0% (2) 75.0% (3) 11.1% (4) 47.1%

解説 (1) $MgO = 40$ $\frac{24}{40} \times 100 = 60.0(\%)$

(2) $CH_4 = 16$ $\frac{12}{16} \times 100 = 75.0(\%)$

(3) $H_2O = 18$ $\frac{1.0 \times 2}{18} \times 100 \fallingdotseq 11.1(\%)$

(4) $Al_2O_3 = 102$ $\frac{16 \times 3}{102} \times 100 = 47.05\cdots \fallingdotseq 47.1(\%)$

4 (1) 46 (2) 44 (3) 4.0 (4) 17 (5) 98 (6) 34 (7) 106 (8) 213 (9) 53.5

5 (1) 0.30mol (2) 20g (3) 5.6L (4) 2.0×10^{23} 個 (5) 3.0×10^{-23} g (6) 3.6×10^{23} 個 (7) 55g

解説 (1) 黒鉛1molの質量は12g (C = 12) であるから,

$\frac{3.6\text{g}}{12\text{g/mol}} = 0.30\text{mol}$

(2) $CaCO_3 = 100$ であるから，炭酸カルシウム1molの質量は100gである。

$100\text{g/mol} \times 0.20\text{mol} = 20\text{g}$

(3) $CH_4 = 16$, $\frac{4.0\text{g}}{16\text{g/mol}} = 0.25\text{mol}$, 気体1molの体積(標準状態)は22.4Lであるから,

$22.4\text{L/mol} \times 0.25\text{mol} = 5.6\text{L}$

(4) $H_2O = 18$ であるから,

$\frac{6.0\text{g}}{18\text{g/mol}} \times 6.0 \times 10^{23}/\text{mol} = 2.0 \times 10^{23}$(個)

(5) 水18g(1mol)中には水分子がアボガドロ数個含まれる。

$\frac{18\text{g/mol}}{6.0 \times 10^{23}/\text{mol}} = 3.0 \times 10^{-23}\text{g}$

(6) $CaCl_2 = 111$, 塩化カルシウム1molの質量は111gで，その中に Ca^{2+} 1molと Cl^- 2molの合計3molが含まれる。

$\frac{22.2\text{ g}}{111\text{g/mol}} \times 3 \times 6.0 \times 10^{23}/\text{mol} = 3.6 \times 10^{23}$(個)

(7) $CO_2 = 44$, 標準状態の気体1molの体積は22.4Lであるので,

$\frac{28\text{L}}{22.4\text{L/mol}} \times 44\text{g/mol} = 55\text{g}$

6 (1) 25% (2) 14.5% (3) 3.5g (4) 36.1g

解説 (1) 溶質(塩化ナトリウム)50g, 溶液(塩化ナトリウム＋水)200gであるから,

$\frac{50\text{g}}{200\text{g}} \times 100 = 25(\%)$

(2) 標準状態のアンモニア22.4Lは1molで，その質量は17.0gである。

$\frac{17.0\text{g}}{17.0\text{g} + 100\text{g}} \times 100 = 14.52\cdots \fallingdotseq 14.5(\%)$

(3) 塩酸は塩化水素の水溶液である。

$70\text{g} \times 0.050 = 3.5\text{g}$

(4) 飽和食塩水における塩化ナトリウムの割合は26.5%であるから，塩化ナトリウムの質量を x[g]とすると,

$\frac{x\text{[g]}}{(100 + x)\text{[g]}} \times 100 = 26.5$

$x = 36.05\cdots\text{g} \fallingdotseq 36.1\text{g}$

7 (1) 0.50mol/L (2) 0.15mol (3) 9.8g (4) 1.2mol/L

解説 (1) グルコースの分子量は180であるから,

18gの物質量は0.10mol $\left(= \frac{18\text{g}}{180\text{g/mol}}\right)$ である。

$\frac{0.10\text{mol}}{0.20\text{L}} = 0.50\text{mol/L}$

(2) モル濃度に体積[L]をかければ，溶質の物質量が求められる。

$3.0\text{mol/L} \times 0.050\text{L} = 0.15\text{mol}$

(3) $H_2SO_4 = 98$

$1.0\text{mol/L} \times 0.10\text{L} \times 98\text{g/mol} = 9.8\text{g}$

(4) 12mol/L塩酸10mL中に溶けている塩化水素の物質量は $12\text{mol/L} \times 0.010\text{L} = 0.12\text{mol}$ である。これが，薄めた後の溶液100mL中に含まれるので，そのモル濃度は,

$\frac{0.12\text{mol}}{0.10\text{L}} = 1.2\text{mol/L}$

【別解】水溶液の全量が10mLから100mLになったので，もとの濃度の $\frac{1}{10}$ の濃度になっているとわかる。

8 それぞれ順に (1) 2, 2, 2, 1 (2) 2, 1, 1, 1 (3) 1, 5, 3, 4 (4) 2, 3, 2, 4 (5) 2, 2, 3 (6) 2, 6, 2, 3 (7) 1, 2, 1 (8) 1, 2, 1, 1 (9) 1, 2, 1, 2

解説 反応式中のいずれかの物質の係数を決め，それをもとに左右両辺の各元素の原子の数および電荷の総数が等しくなるように係数を決めていく。

(1) ナトリウムは水と反応して水素を発生する。

(2) 炭酸水素ナトリウムは熱分解して二酸化炭素を発生する。

(3) プロパンの完全燃焼。

(4) メタノールの完全燃焼。

(5) 塩素酸カリウムを強熱すると酸素を発生して分解する。

(6) アルミニウムに塩酸を作用させると水素を発生して溶解する。

(7) 銅イオンを含む溶液を塩基性にすると，水酸化銅(Ⅱ)が沈殿する。

(8) 塩化銀はアンモニア水に錯イオンをつくって溶解する。

(9) 銀イオンを含む溶液に銅を入れると，その表面に銀が析出する。

9

(1) $2H_2 + O_2 \longrightarrow 2H_2O$

(2) $CH_4 + 2O_2 \longrightarrow CO_2 + 2H_2O$

(3) $2H_2O_2 \longrightarrow 2H_2O + O_2$

(4) $2Mg + O_2 \longrightarrow 2MgO$

(5) $Zn + 2HCl \longrightarrow ZnCl_2 + H_2$

(6) $2CO + O_2 \longrightarrow 2CO_2$

(7) $CaCO_3 + 2HCl \longrightarrow CaCl_2 + CO_2 + H_2O$

(8) $N_2 + 3H_2 \longrightarrow 2NH_3$

(9) $2H_2O \longrightarrow 2H_2 + O_2$

例題 類題 ―― p.55～57

〔例題1〕

① $x+16$　② $x+16$　③ x　④ x　⑤ $x+16$

⑥ 64　⑦ 80　⑧ 20　⑨ 64

〔類題1〕

③

解説 化合物中の元素の質量をその原子量(モル質量)で割れば，原子数の比が求められる。組成式を M_xO_y とすると，

$$x : y = \frac{4.5\,g}{27\,g/mol} : \frac{4\,g}{16\,g/mol} = 2 : 3$$

〔例題2〕

⑩ 物質量　⑪ エ　⑫ ア　⑬ ア

〔類題2〕

③

解説 それぞれにおける炭素原子の物質量[mol]が最も多いものを求めればよい。$CO_2 = 44$，$CO = 28$ より，

① $\frac{1}{12}$mol　② $\frac{4}{44}\left(=\frac{1}{11}\right)$mol　③ $\frac{4}{28}\left(=\frac{1}{7}\right)$mol

④ $\frac{1}{22.4}\times 3\left(\fallingdotseq\frac{1}{7.5}\right)$mol

〔例題3〕

① 0.214　② 22.4　③ 4.7936　④ 4.8　⑤ 0.20　⑥ 0.80

⑦ 20

〔類題3〕

75L

解説 混合気体の見かけの分子量は，

$1.43\,g/L \times 22.4\,L/mol = 32.032\,g/mol \fallingdotseq 32.0\,g/mol$

より，32.0である。ここで，22.4L中の一酸化炭素を x[mol]，二酸化炭素を y[mol]とすると，

$x[mol] + y[mol] = 1.0\,mol$

$28x[g] + 44y[g] = 32.0\,g$

これを解いて，$x = 0.75\,mol$，$y = 0.25\,mol$

この混合気体の体積組成は一酸化炭素75％，二酸化炭素25％である。したがって，混合気体200L中の一酸化炭素は $200\,L \times \frac{75}{100} = 150\,L$ である。二酸化炭素は燃焼しないので，この混合気体の燃焼に必要な酸素の体積は，$2CO + O_2 \longrightarrow 2CO_2$ より，一酸化炭素の体積の半分量である。

$$150\,L \times \frac{1}{2} = 75\,L$$

〔例題4〕

⑧ 9.0　⑨,⑩ 9.0，250(順不同)　⑪ 3.5　⑫ 1000　⑬ 0.35

⑭ 413　⑮ 36.5　⑯ 413　⑰ 36.5　⑱ 11.3　⑲ 11.3

〔類題4〕

7.5mL

解説 60％硝酸 x[mL]中に含まれる硝酸の物質量は1.0mol/Lの希硝酸100mL中に含まれる物質量と等しいとして式をつくればよい。$HNO_3 = 63$，$1\,mL = 1\,cm^3$ であるから，

$$\frac{x[mL] \times 1.4\,g/mL \times \frac{60}{100}}{63\,g/mol} = 1.0\,mol/L \times 0.100\,L$$

$x = 7.5\,mL$

〔例題5〕

① 6.0　② 24　③ 0.25　④ 0.125　⑤ 32　⑥ 0.125　⑦ 4.0

⑧ 22.4　⑨ 0.125　⑩ 2.8　⑪ 0.25　⑫ 40　⑬ 0.25　⑭ 10

〔類題5〕

(1) 22L　(2) 80g

解説 $2H_2 + CO \longrightarrow CH_4O$

(1) $CH_4O = 32$ より CH_4O 16gの物質量は，

$\frac{16\,g}{32\,g/mol} = 0.50\,mol$ である。

(H_2 の物質量)：(CH_4O の物質量) = 2：1 より，H_2 の物質量は，

$0.50\,mol \times 2 = 1.0\,mol$

H_2 の体積は，

$1.0\,mol \times 22.4\,L/mol = 22.4\,L \fallingdotseq 22\,L$

(2) $CO = 28$ より CO 70gの物質量は，

$\frac{70\,g}{28\,g/mol} = 2.5\,mol$ である。

(CO の物質量)：(CH_4O の物質量) $= 1:1$ であるから，CH_4O の質量は，

$2.5\,mol \times 32\,g/mol = 80\,g$

〔例題6〕

⑮ 2：1　⑯ 5.0　⑰ O_2(または酸素)　⑱ 5.0　⑲ 1：1

⑳ 10　㉑，㉒ 5.0，10(順不同)　㉓ 15

〔類題6〕

(1) H_2，1.1L　(2) 1.6g

解説 (1) 亜鉛は塩酸に溶け，水素を発生させる。

$Zn + 2HCl \longrightarrow ZnCl_2 + H_2$

(Zn の物質量)：(H_2 の物質量) $= 1:1$ であるから，

$\frac{3.25\,g}{65\,g/mol} \times 22.4\,mol/L = 1.12\,L \fallingdotseq 1.1\,L$

(2) 用いた塩酸(塩化水素)の物質量は，

$3.0\,mol/L \times 0.050\,L = 0.15\,mol$ である。

(Zn の物質量)：(HCl の物質量) $= 1:2$ であるから，

$\frac{0.15\,mol}{2} = 0.075\,mol$ の Zn を溶かすことができる。

Zn 0.075mol の質量は，

$0.075\,mol \times 65\,g/mol = 4.875\,g$

したがって，$4.875\,g - 3.25\,g = 1.625\,g \fallingdotseq 1.6\,g$

定期テスト対策問題　p.58〜61

1 40

解説 M の原子量を x とすると MCl_2 の式量は $x + 71$ である。水の分子量は 18 であるから，

$MCl_2 : 2H_2O = (x + 71) : (2 \times 18)$

$= 222 : (294 - 222)$

$x = 40$

2 M_2O_3

解説 M の質量組成が 70％(酸素の質量組成が 30％)であるから，粒子の数の比 = 物質量の比 より，

$M : O = \frac{70}{56\,g/mol} : \frac{30}{16\,g/mol}$

$= 1.25 : 1.875 = 2 : 3$

よって，組成式は M_2O_3

3 (ア) 質量　(イ) 原子　(ウ) 分子　(エ) 1.9×10^{23}　(オ) 5.3×10^{-23}　(カ) 6.0×10^{23}　(キ) mol(モル)

解説 (エ) 酸素の分子量は $O_2 = 32$ であるので，

$\frac{10}{32}\,mol \times 6.0 \times 10^{23}/mol = 1.875 \times 10^{23}$

$\fallingdotseq 1.9 \times 10^{23}$(個)

(オ) $\frac{10\,g}{1.875 \times 10^{23}} = 5.33\cdots \times 10^{-23}\,g \fallingdotseq 5.3 \times 10^{-23}\,g$

4 ①

解説 分子量(モル質量)が最も大きいものを選べばよい。

$O_3 = 48$，$H_2O = 18$，$CO_2 = 44$，$NO_2 = 46$，$CH_4O = 32$

5 ④

解説 いずれも 1mol 中に 6.0×10^{23} 個の原子が含まれる。1.0g の物質量が最も大きいもの，つまり，原子量が最も小さいものを選べばよい。

$Na = 23$，$Ca = 40$，$Al = 27$，$He = 4.0$

6 58

解説 同温・同圧・同体積中には同数の分子が含まれる(アボガドロの法則)ので，質量の比は分子 1 個の質量の比，つまり分子量の比となる。

空気の平均分子量は $N_2 = 28$，$O_2 = 32$ より，

$28 \times \frac{4}{5} + 32 \times \frac{1}{5} = 28.8$ であるので，求める気体の分子量を x とすると，

$0.29\,g : 0.58\,g = 28.8 : x$　　$x = 57.6 \fallingdotseq 58$

7 B > C > A

解説 それぞれ $1\,cm^3$ について考えると質量は密度の値に等しくなる。それぞれの H 原子の物質量は

(A) $H_2 = 2.0$ であるから，

$\frac{0.0708\,g}{2.0\,g/mol} \times 2 = 0.0708\,mol$

(B) $NH_3 = 17$ であるから，

$\frac{0.817\,g}{17\,g/mol} \times 3 = 0.1441\cdots\,mol \fallingdotseq 0.144\,mol$

(C) $CaH_2 = 42$ であるから，

$\frac{1.90\,g}{42\,g/mol} \times 2 = 0.09047\cdots\,mol \fallingdotseq 0.0905\,mol$

したがって，B > C > A

8 (1) 20.0％　(2) $1.15\,g/cm^3$　(3) 3.93mol/L

解説 (1) 溶質 12.5g が溶液 (50.0 + 12.5) g 中に溶けている。$\frac{12.5\,g}{62.5\,g} \times 100 = 20.0$(％)

(2) 溶液 10.0mL の質量が 11.5g，$1\,mL = 1\,cm^3$ であるから，密度は，

$\frac{11.5\,g}{10.0\,cm^3} = 1.15\,g/cm^3$

(3) 溶液 10.0mL の質量が 11.5g で，その 20.0％が塩化ナトリウムである。溶液 1L(= 1000mL) 中の物質

量は，

$$\frac{11.5\,\text{g} \times \frac{20.0}{100}}{58.5\,\text{g/mol}} \times \frac{1000\,\text{mL}}{10.0\,\text{mL}} = 3.931\cdots\text{mol} \fallingdotseq 3.93\,\text{mol}$$

したがって，モル濃度は3.93mol/L

9 （ア）37.5 （イ）25.0 （ウ）2.0 （エ）135.0

解説 （ア）80℃の水100gに塩60.0gが溶けて160gの飽和溶液ができる。その質量パーセント濃度は，

$$\frac{60.0\,\text{g}}{160\,\text{g}} \times 100 = 37.5(\%)$$

（イ）（ア）より飽和溶液100g中の水(溶媒)の量は62.5gである。20℃での溶解度は20.0g/100g水であるので，水62.5gに $20.0\,\text{g} \times \frac{62.5\,\text{g}}{100\,\text{g}} = 12.5\,\text{g}$ の塩が溶ける。

したがって，析出量は，

$$37.5\,\text{g} - 12.5\,\text{g} = 25.0\,\text{g}$$

（ウ）20℃の水10gに溶けている塩が析出する。

$$20.0\,\text{g} \times \frac{10\,\text{g}}{100\,\text{g}} = 2.0\,\text{g}$$

（エ）ここまでに析出した結晶の量は $25.0\,\text{g} + 2.0\,\text{g} = 27.0\,\text{g}$ である。これを溶かすのに必要な20℃の水の量を x[g]とすると，溶解度が20.0g/100g水であるから，

$$\frac{20.0}{100} = \frac{27.0}{x} \qquad x = 135.0\,\text{g}$$

10 5.3g

解説 20％硝酸カリウム水溶液100gは水80gと硝酸カリウム20gからなる。20℃での溶解度は31.6g/100g水で，水80gに溶けることができる硝酸カリウムの量は，

$$31.6\,\text{g} \times \frac{80}{100} = 25.28\,\text{g} \fallingdotseq 25.3\,\text{g}$$

すでに20gが溶けているので，

$$25.3\,\text{g} - 20\,\text{g} = 5.3\,\text{g}$$

11 (1) 5.6L (2) 1.2×10^{24} 個 (3) 40g

解説 (1) $C_3H_8 = 44$ より C_3H_8 11gの物質量は，

$\frac{11\,\text{g}}{44\,\text{g/mol}} = 0.25\,\text{mol}$ である。その体積は，

$$22.4\,\text{L/mol} \times 0.25\,\text{mol} = 5.6\,\text{L}$$

(2) プロパン1分子中には8個の水素原子があるので，

$$0.25\,\text{mol} \times 6.0 \times 10^{23}/\text{mol} \times 8 = 1.2 \times 10^{24}(\text{個})$$

(3) $C_3H_8 + 5O_2 \longrightarrow 3CO_2 + 4H_2O$

(C_3H_8の物質量)：(O_2の物質量)＝1：5 より，O_2の物質量は，

$$0.25\,\text{mol} \times 5 = 1.25\,\text{mol}$$

したがって，O_2の質量は，

$$32\,\text{g/mol} \times 1.25\,\text{mol} = 40\,\text{g}$$

12 B＞A＞C

解説 それぞれの完全燃焼の反応式は次の通り。

(A) $C_2H_6O + 3O_2 \longrightarrow 2CO_2 + 3H_2O$

(B) $CH_4 + 2O_2 \longrightarrow CO_2 + 2H_2O$

(C) $2CO + O_2 \longrightarrow 2CO_2$

同質量(値はいくらでもよいので，ここでは10gとする)の物質量は分子量で割れば求められる。反応式の係数から必要な酸素の量がわかる。

(A) $\frac{10}{46}\text{mol} \times 3 = 0.652\cdots\text{mol} \fallingdotseq 0.65\,\text{mol}$

(B) $\frac{10}{16}\text{mol} \times 2 = 1.25\,\text{mol} \fallingdotseq 1.3\,\text{mol}$

(C) $\frac{10}{28}\text{mol} \times \frac{1}{2} = 0.1785\cdots\text{mol} \fallingdotseq 0.18\,\text{mol}$

これらの大小を比較すればよい。

13 1.6g，1.1L

解説 反応式は $2H_2O_2 \longrightarrow 2H_2O + O_2$

過酸化水素水100g中に含まれる過酸化水素の質量は $100\,\text{g} \times \frac{3.4}{100} = 3.4\,\text{g}$ である。$H_2O_2 = 34$ より，その物質量は $\frac{3.4\,\text{g}}{34\,\text{g/mol}} = 0.10\,\text{mol}$ である。反応式より発生する酸素の物質量は過酸化水素の半分 $\frac{0.10\,\text{mol}}{2} = 0.050\,\text{mol}$ である。

したがって，$O_2 = 32$ より，その質量は，

$32\,\text{g/mol} \times 0.050\,\text{mol} = 1.6\,\text{g}$，その体積は，

$22.4\,\text{L/mol} \times 0.050\,\text{mol} = 1.12\,\text{L} \fallingdotseq 1.1\,\text{L}$ である。

14 (1) $CH_4 + 2O_2 \longrightarrow CO_2 + 2H_2O$

$C_3H_8 + 5O_2 \longrightarrow 3CO_2 + 4H_2O$

(2) 3：2 (3) 1.8×10^2L (4) 25g

解説 (2) 混合気体中のメタンを x[mol]，プロパンを y[mol]として連立方程式をつくればよい。

混合気体の体積より，

$$x[\text{mol}] + y[\text{mol}] = \frac{11.2\,\text{L}}{22.4\,\text{L/mol}} = 0.50\,\text{mol}$$

発生した二酸化炭素($CO_2 = 44$)の量より，

$$x[\text{mol}] + 3y[\text{mol}] = \frac{39.6\,\text{g}}{44\,\text{g/mol}} = 0.90\,\text{mol}$$

これを解いて $x = 0.30\,\text{mol}$，$y = 0.20\,\text{mol}$

よって，$x : y = 3 : 2$

(3) 空気の体積は酸素の体積の5倍である。

$(0.30 \times 2 + 0.20 \times 5)\,mol \times 22.4\,L/mol \times 5 = 179.2\,L$
$\fallingdotseq 1.8 \times 10^2\,L$

(4) $H_2O = 18$ より，

$(0.30 \times 2 + 0.20 \times 4)\,mol \times 18\,g/mol = 25.2\,g \fallingdotseq 25\,g$

15

(1) $2Al + 6HCl \longrightarrow 2AlCl_3 + 3H_2$
(2) 60mL　(3) 3.4L

解説 (2) $Al = 27$ より Al 2.7g の物質量は，

$\dfrac{2.7\,g}{27\,g/mol} = 0.10\,mol$ である。

(Al の物質量)：(HCl の物質量) = 1：3 より，必要な塩酸(塩化水素)の物質量は 0.30mol である。

必要な塩酸を x[L]とすると，

$5.0\,mol/L \times x[L] = 0.30\,mol$

$x = 0.06\,L = 60\,mL$

(3) (Al の物質量)：(H_2 の物質量) = 2：3 より，発生する水素の物質量は 0.15mol である。その体積は，

$0.15\,mol \times 22.4\,L/mol = 3.36\,L \fallingdotseq 3.4\,L$

16

(1) $NaHCO_3 + HCl \longrightarrow NaCl + H_2O + CO_2$
(2) 1.8g　(3) 2.3g

解説 (2) $NaHCO_3 = 84$ より $NaHCO_3$ 3.36g の物質量は，

$\dfrac{3.36\,g}{84\,g/mol} = 0.040\,mol$ である。

($NaHCO_3$ の物質量)：(CO_2 の物質量) = 1：1 であるから，$CO_2 = 44$ より，その質量は，

$44\,g/mol \times 0.040\,mol = 1.76\,g \fallingdotseq 1.8\,g$

(3) 残った固体は塩化ナトリウム($NaCl = 58.5$)である。($NaHCO_3$ の物質量)：(NaCl の物質量) = 1：1 より，

$58.5\,g/mol \times 0.040\,mol = 2.34\,g \fallingdotseq 2.3\,g$

17

ア：2　イ：1.5×10^{23}　ウ：4　エ：2
(1) ⑤　(2) ③　(3) ②　(4) ④

解説 ア：$2CO + O_2 \longrightarrow 2CO_2$

同温・同圧の体積の比は 2：1：2 である。

イ：$6.0 \times 10^{23}/mol \times \dfrac{5.6\,L}{22.4\,L/mol} = 1.5 \times 10^{23}$(個)

ウ：酸化銅(Ⅱ)1.0g 中の酸素は $1.0\,g - 0.8\,g = 0.2\,g$

したがって，質量の比は，

Cu：O = 0.8g：0.2g = 4：1

エ：NO(分子量 30)30g 中の窒素は 14g，酸素は 16g，NO_2(分子量 46)46g 中の窒素は 14g，酸素は 32g。

したがって，窒素 14g と結合する酸素の質量の比は，

16g：32g = 1：2

(1) 同温・同圧のもとでは，反応物および生成物の気体の体積は簡単な整数比になる。→気体反応の法則

(2) 同温・同圧のもとでは，気体はその種類に関係なく，同体積中に同数の分子が含まれる。→アボガドロの法則

(3) 化合物の成分元素の質量比は常に一定である。→定比例の法則

(4) 2 種類の元素 A と B が 2 種類以上の化合物をつくるとき，一定量の A と結合する B の質量は簡単な整数比になる。→倍数比例の法則

第5章 酸と塩基の反応

空欄の解答 p.62～69

● **p.62**

① 赤 ② 水素(または H_2) ③ 青 ④ 水素
⑤,⑥ H^+, Cl^-(順不同) ⑦ 水酸化物
⑧,⑨ Na^+, OH^-(順不同) ⑩ H_3O^+ ⑪ NH_4^+
⑫ OH^-

● **p.63**

① H^+ ② 電離 ③ 電離度 ④ 1 ⑤ 小さ
⑥ 酸性酸化物 ⑦ 非金属 ⑧ H_2SO_3 ⑨ Na_2CO_3
⑩ 塩基性酸化物 ⑪ 金属 ⑫ NaOH ⑬ $CuSO_4$

● **p.64**

①,② H^+, OH^-(順不同) ③ 中 ④ $[H^+]$
⑤ $[OH^-]$ ⑥ 10^{-12} ⑦ 10^{-13} ⑧ 10^{-14} ⑨ 0 ⑩ 1
⑪ 2

● **p.65**

① 中和 ②,③,④ Cl^-, Na^+, H_2O(順不同) ⑤ OH^-
⑥ H_2O ⑦ 塩 ⑧ 陰イオン ⑨ 陽イオン ⑩ 塩

● **p.66**

① 酸性 ② 塩基性 ③ 正 ④ $NaHCO_3$
⑤ $NaHSO_4$ ⑥ $CaCl_2$ ⑦ $CuSO_4$ ⑧ NaCl
⑨ $BaSO_4$ ⑩ $CaCl_2$ ⑪ $MgCl_2$ ⑫ Na_2CO_3
⑬ $CaCO_3$ ⑭ NaCl ⑮ 中性 ⑯ 酸性 ⑰ 塩基性
⑱ 酸性 ⑲ 塩基性

● **p.67**

① 強酸 ② 強塩基 ③ HCl ④ NaOH ⑤ H^+
⑥ OH^- ⑦ Na_2SO_4 ⑧ 2 ⑨ 2 ⑩ 2 ⑪ H^+
⑫ bn ⑬ am ⑭ bn ⑮,⑯ 価数, 物質量(順不同)

● **p.68**

①,② 価数, 物質量(順不同) ③ 中和滴定
④ 滴定曲線 ⑤ 強酸 ⑥ 弱酸 ⑦ 強酸 ⑧ 弱酸

● **p.69**

① 中和点 ② pH指示薬(または指示薬) ③ 変色域
④ メチルオレンジ ⑤ メスフラスコ
⑥ ホールピペット ⑦ ビュレット
⑧ コニカルビーカー ⑨ 共洗い

基礎ドリル p.70～71

1
(1) H_2SO_4, 2価 (2) HNO_3, 1価
(3) CH_3COOH, 1価 (4) H_3PO_4, 3価
(5) NH_3, 1価 (6) NaOH, 1価
(7) $Ca(OH)_2$, 2価 (8) $Ba(OH)_2$, 2価

2
(1) H_2O (2) NH_4^+ (3) H_2O

解説 ブレンステッドの定義では H^+ を相手に与えたものが酸である。

3
(1) $H^+ + Cl^-$
(2) $2H^+ + SO_4^{2-}$ (または $H^+ + HSO_4^-$)
(3) $H^+ + NO_3^-$ (4) $CH_3COO^- + H^+$
(5) $Na^+ + OH^-$ (6) $K^+ + OH^-$ (7) $Ca^{2+} + 2OH^-$
(8) $Ba^{2+} + 2OH^-$ (9) $NH_4^+ + OH^-$

4
(1) H_2SO_3 (2) H_2SO_4 (3) H_3PO_4 (4) NaOH
(5) $Ca(OH)_2$

解説 一般に, 非金属元素の酸化物は酸性酸化物で, 水と反応して酸素を含んだ酸(オキソ酸)を生じる。また, 金属元素の酸化物は塩基性酸化物で, 水と反応して水酸化物(塩基)を生じる。
(3) $P_4O_{10} + 6H_2O \longrightarrow 4H_3PO_4$

5
(A) ア, エ, オ (B) ウ, カ, キ (C) イ (D) ク

解説 水に入れたとき, そのほとんどが電離する(電離度 ≒ 1)酸が強酸で, あまり電離しない(電離度 < 1)酸が弱酸である。

6
(1) 2 (2) 4 (3) 11 (4) 8

解説 $[H^+] = 1.0 \times 10^{-n}$(mol/L)のとき, pH = n である。
(1) $[H^+] = 1.0 \times 10^{-2}$mol/L pH = 2
(3) $[OH^-] = 1.0 \times 10^{-3}$mol/L であるから, 本文p.64の表より $[H^+] = 1.0 \times 10^{-11}$mol/L pH = 11
(4) $[H^+] = 1.0 \times 10^{-8}$mol/L pH = 8

7
(1) 1.0×10^{-3}mol/L (2) 1.6×10^{-3}mol/L
(3) 1.0×10^{-2}mol/L (4) 1.0×10^{-3}mol/L

解説 (1) pH = 3 であるから,
$[H^+] = 1.0 \times 10^{-3}$mol/L
(2) 酢酸は1価の酸であるので, 溶液の濃度×電離度で水素イオン濃度が求められる。
$[H^+] = 0.10\text{mol/L} \times 0.016 = 1.6 \times 10^{-3}$mol/L
(3) NaOHは強塩基であるから,
$[OH^-] = 0.010\text{mol/L} \times 1 = 1.0 \times 10^{-2}$mol/L
(4) $[OH^-] = 0.050\text{mol/L} \times 0.020$
$= 1.0 \times 10^{-3}$mol/L

8
(1) $2HCl + Ca(OH)_2 \longrightarrow CaCl_2 + 2H_2O$
(2) $H_2SO_4 + 2NaOH \longrightarrow Na_2SO_4 + 2H_2O$
(3) $CH_3COOH + KOH \longrightarrow CH_3COOK + H_2O$
(4) $HNO_3 + NH_3 \longrightarrow NH_4NO_3$

解説 一般に, 酸と塩基が反応すると, 塩と水ができる。ただし, (4)のアンモニアが関係する反応のように, 水が生じない場合もある。反応する酸と塩基の物質量

の比は，それぞれの価数の逆比となる。

9 0.25 mol/L

解説 酸と塩基は互いの 価数 × モル濃度〔mol/L〕× 体積〔L〕が等しい量でちょうど過不足なく反応する。塩酸の濃度を x〔mol/L〕とすると，

$1 \times x$〔mol/L〕$\times 0.010\,L = 1 \times 0.20\,mol/L \times 0.0125\,L$

$x = 0.25\,mol/L$

例題 類題 ―― p.72～73

〔例題1〕

① 1 ② 1

〔類題1〕

ウ＞ア＞イ

解説 モル濃度 × 価数 × 電離度 で水素イオン濃度が求められる。いずれの溶液も pH = 3 であり，水素イオン濃度は $1.0 \times 10^{-3}\,mol/L$ である。それぞれの溶液のモル濃度をそれぞれ x，y，z〔mol/L〕とすると，

(ア) $x \times 1 \times 1 = 1.0 \times 10^{-3}\,mol/L$

$x = 1.0 \times 10^{-3}\,mol/L$

(イ) $y \times 2 \times 1 = 1.0 \times 10^{-3}\,mol/L$

$y = 5.0 \times 10^{-4}\,mol/L$

(ウ) $z \times 1 \times 0.02 = 1.0 \times 10^{-3}\,mol/L$

$z = 5.0 \times 10^{-2}\,mol/L$

〔例題2〕

③ 40 ④ 2 ⑤ 98 ⑥ 9.8

〔類題2〕

4.5 L，3.4 g

解説 中和に必要なアンモニアの物質量を求める。アンモニアの物質量を x〔mol〕とすると，

$2 \times \dfrac{9.8}{98}\,mol = 1 \times x\,[mol] \qquad x = 0.20\,mol$

アンモニアのモル体積（標準状態）は 22.4 L/mol，モル質量は 17 g/mol であるから，

$0.20\,mol \times 22.4\,L/mol = 4.48\,L \fallingdotseq 4.5\,L$

$0.20\,mol \times 17\,g/mol = 3.4\,g$

〔例題3〕

① 20 ② 1 ③ 25 ④ 2 ⑤ 74 ⑥ 3.7

〔類題3〕

0.080 mol/L

解説 水酸化ナトリウム水溶液の濃度を x〔mol/L〕とすると，

$1 \times x\,[mol/L] \times \dfrac{10}{1000}\,L = 1 \times 0.10\,mol/L \times \dfrac{8.0}{1000}\,L$

$x = 0.080\,mol/L$

〔例題4〕

⑦ 硫酸アンモニウム ⑧ 弱塩基 ⑨ 強酸 ⑩ 塩基

⑪ 塩基

〔類題4〕

ウ

解説 濃度と体積が同じであるから，それぞれ等しい物質量の酸と塩基を反応させたことになる。また，(ア)～(エ)はいずれも酸と塩基の価数が等しいので，反応後は正塩の水溶液となる。

(ア) $HCl + NaOH \longrightarrow NaCl + H_2O$

(イ) $H_2SO_4 + Ca(OH)_2 \longrightarrow CaSO_4 + 2H_2O$

(ウ) $HCl + NH_3 \longrightarrow NH_4Cl$

(エ) $CH_3COOH + NaOH \longrightarrow CH_3COONa + H_2O$

(ウ)の塩化アンモニウムは強酸と弱塩基の中和で生じた塩であり，水溶液は酸性を示す。(ア),(イ)は中性，(エ)は塩基性を示す。

定期テスト対策問題 p.74～75

1 (a) 酸 (b) 塩基 (c) H_3O^+ (d) 酸 (e) X^- (f) 塩基

解説 ブレンステッド・ローリーの定義は，反応が起こったとき，相手に H^+ を与えたものを酸，H^+ を受け取ったものを塩基とする。可逆反応では，左辺での酸(HX)は右辺では塩基(X^-)となる。塩基についても同様である。

2 (1) 1×10^4 倍 (2) 1×10^{-2} 倍

解説 (1) $[H^+]$ が 10 倍になると pH の値は 1 だけ小さくなる。pH の差が 4 であるなら，$[H^+]$ は 10^4 倍だけ異なることになる。pH の値が小さいほど $[H^+]$ が大きいことに注意する。

(2) pH = 2 の塩酸の $[H^+]$ は $1.0 \times 10^{-2}\,mol/L$ で，これを 100 倍に希釈すると，$[H^+]$ は $1.0 \times 10^{-4}\,mol/L$ となり，pH は 4 となる。なお，酸や塩基の溶液をどんどん薄めていくと，その pH は 7 に近づいていくが，決して 7 をこえることはない。それは水自身が電離するためである。

3 (1) 0.15 mol (2) 50 mL

解説 (1) $NaOH + HCl \longrightarrow NaCl + H_2O$

反応する水酸化ナトリウムと塩酸（塩化水素）の物質量は等しい。NaOH = 40 であるから，NaOH 6.0 g の物質量は

$\dfrac{6.0\,g}{40\,g/mol} = 0.15\,mol$ である。

(2) NaOH の 4.0 g は 0.10 mol である。塩酸 x〔L〕中に

HCl が 0.10 mol 含まれている必要がある。

$$1 \times 2.0\,\text{mol/L} \times x[\text{L}] = 1 \times \frac{4.0\,\text{g}}{40\,\text{g/mol}}$$

$x = 0.05\,\text{L} = 50\,\text{mL}$

4 ① > ③ > ② > ④

解説 酸と塩基は「価数 × モル濃度 × 体積」が等しくなるところでちょうど過不足なく反応する。したがって，①は塩基過剰（溶液は NaOH による強塩基性），②と③はちょうど中和し，④は酸が過剰（溶液は酸性）であることがわかる。②は強酸と強塩基の中和であるから，中和後の溶液は中性であるが，③は弱酸と強塩基の中和であり，塩（酢酸カリウム）の水溶液は弱塩基性を示す。したがって，pH が大きいもの（塩基性の強いもの）から順に ① > ③ > ② > ④ となる。

5 (1) 13 mol/L (2) 6.3 mL

解説 (1) 濃度の変換（% ⇔ mol/L）は溶液 1 L について考える。溶液 1 L（$1000\,\text{mL} = 1000\,\text{cm}^3$）の質量は

$1000\,\text{cm}^3 \times 0.85\,\text{g/cm}^3 = 850\,\text{g}$ で，その 25 % が溶質のアンモニアである。その質量は，

$850\,\text{g} \times \frac{25}{100} = 212.5\,\text{g}$ である。$NH_3 = 17$ であるので，その物質量は，$\frac{212.5\,\text{g}}{17\,\text{g/mol}} = 12.5\,\text{mol} \fallingdotseq 13\,\text{mol}$

溶液 1 L 中に溶質が 13 mol 溶けているので，その濃度は 13 mol/L である。

(2) アンモニアは 1 価の塩基，硫酸は 2 価の酸である。硫酸 x[L] が必要であるとすると，

$$1 \times 12.5\,\text{mol/L} \times \frac{1}{10} \times \frac{10}{1000}\,\text{L} = 2 \times 1.0\,\text{mol/L} \times x[\text{L}]$$

$x = 6.25 \times 10^{-3}\,\text{L} \fallingdotseq 6.3\,\text{mL}$

6
酸性：NH_4Cl，$CuSO_4$，CO_2
塩基性：$NaHCO_3$，CH_3COONa，CaO
中性：KNO_3

解説 二酸化炭素は非金属元素の酸化物であり，酸性酸化物である。水と反応して炭酸 H_2CO_3 を生じる。酸化カルシウムは金属元素の酸化物であり，塩基性酸化物である。水と反応して水酸化カルシウム $Ca(OH)_2$ を生じる。その他は塩である。正塩（化学式中に H，OH が残っていないもの）の液性はもとの酸・塩基の強弱で判断できる。強酸・強塩基の塩である硝酸カリウムは中性，強酸・弱塩基の塩である塩化アンモニウム，硫酸銅（Ⅱ）の水溶液は酸性，弱酸・強塩基の塩である酢酸ナトリウムの水溶液は塩基性を示す。炭酸水素ナトリウムなど，酸性塩の水溶液の液性は覚えておく。

7
(ア) ホールピペット (イ) コニカルビーカー
(ウ) フェノールフタレイン (エ) ビュレット
(オ) (薄い)赤 (カ) 0.080 (キ) 4.8

解説 (ア) 一定量の溶液を正確にはかり取るにはホールピペットを用いる。

(イ) 受け器としてはコニカルビーカーのほか，三角フラスコも用いられる。

(ウ) 弱酸・強塩基の中和滴定では，中和点の pH は塩基性側にあるため，変色域が塩基性側にあるフェノールフタレインが用いられる。

(エ) 溶液の滴下にビュレットを用いることで，滴下量が正確に求められる。

(オ) フェノールフタレインは酸性側では無色，塩基性側では赤色を示す。

(カ) 濃度を x[mol/L] とすると，

$$1 \times x[\text{mol/L}] \times \frac{10}{1000}\,\text{L} = 1 \times 0.10\,\text{mol/L} \times \frac{8.0}{1000}\,\text{L}$$

$x = 0.080\,\text{mol/L}$

(キ) 食酢の酸濃度は $0.080\,\text{mol/L} \times 10 = 0.80\,\text{mol/L}$ である。食酢 1 L（$1000\,\text{mL} = 1000\,\text{cm}^3$）の質量は 1000 g で，その中に 0.80 mol の酢酸が含まれている。$CH_3COOH = 60$ より，その質量は，

$60\,\text{g/mol} \times 0.80\,\text{mol} = 48\,\text{g}$ である。したがって，質量パーセント濃度は，$\frac{48\,\text{g}}{1000\,\text{g}} \times 100 = 4.8(\%)$ である。

8
(1) $BaSO_4$ (2) 4.7 g (3) 0.80 mol/L (4) 50 mL
(5) 20 mL

解説 $Ba(OH)_2 + H_2SO_4 \longrightarrow BaSO_4 + 2H_2O$

(1) 中和で生じる塩は硫酸バリウムで，これは水に溶けにくい白色の固体である。

(2) $Ba(OH)_2 = 171$ より，溶液中に溶けている水酸化バリウムは $\frac{6.84\,\text{g}}{171\,\text{g/moL}} = 0.040\,\text{mol}$ である。グラフより，中和に要する硫酸は 50 mL であるから，硫酸 25 mL ではちょうど半分の量（0.020 mol）の水酸化バリウムが中和され，同じ物質量の硫酸バリウムが生成する。$BaSO_4 = 233$ であるから，その質量は

$233\,\text{g/mol} \times 0.020\,\text{mol} = 4.66\,\text{g} \fallingdotseq 4.7\,\text{g}$

(3) 水酸化バリウム 0.040 mol とちょうど反応する硫酸の量は 50 mL であるから，濃度を x[mol/L] として次式が成りたつ。

$$2 \times 0.040\,\text{mol} = 2 \times x[\text{mol/L}] \times \frac{50}{1000}\,\text{L}$$

$x = 0.80\,\text{mol/L}$

(4) 溶液中で電気を伝えるのはイオンである。硫酸を加える前は Ba^{2+}，OH^- が多く存在するが，硫酸の滴下とともにそれらは減少($BaSO_4$，H_2O とも電離しない)し，中和点ではイオンはほとんどなくなってしまう(水はわずかに電離している)ので，電気がほとんど通らなくなる。それ以降は加えた硫酸の電離でイオンが増え，電気が流れるようになる。

(5) 酢酸の濃度は(3)の5倍で 4.0mol/L である。中和に要する体積を x〔L〕とすると，

$2 \times 0.040\,\text{mol} = 1 \times 4.0\,\text{mol/L} \times x\,\text{〔L〕}$

$x = 0.020\,\text{L} = 20\,\text{mL}$

中和の量的関係に電離度は無関係である。

第6章 酸化還元反応

空欄の解答　p.76～89

● **p.76**

① CuO　② Cu　③ S　④ HCl　⑤ 失う　⑥ Na^+
⑦ Cl_2　⑧ 受け取る　⑨ Ag　⑩ Cl^-　⑪ 酸化
⑫ 還元　⑬ 酸化還元　⑭ 酸化　⑮ 還元　⑯ 還元
⑰ 酸化　⑱ Cu^{2+}　⑲ O^{2-}

● **p.77**

① 酸化　② 還元　③ 0　④ −1　⑤ −2　⑥ +1
⑦ −2　⑧ +1　⑨ −2　⑩ −1　⑪ −1　⑫ −1
⑬ 0　⑭ +6　⑮ +1　⑯ −3　⑰ 増加　⑱ 減少
⑲ 酸化　⑳ 還元　㉑ 失う　㉒ 受け取る　㉓ 失う
㉔ 受け取る　㉕ 増加する　㉖ 減少する

● **p.78**

① 酸化　② 還元　③ 還元　④ 酸化　⑤ 酸化
⑥ 還元　⑦ +7　⑧ +2　⑨ 8　⑩ 5　⑪ 4
⑫ Mn^{2+}　⑬ Cr^{3+}　⑭ Cl^-　⑮ NO_2　⑯ NO　⑰ SO_2
⑱ O_2　⑲ S　⑳ CO_2　㉑ Sn^{4+}　㉒ Fe^{3+}　㉓ Na^+

● **p.79**

① 酸化　② 還元　③ 2　④ 2　⑤ 16　⑥ 10　⑦ 2
⑧ 8　⑨ 5　⑩ 5　⑪ 10　⑫ 10　⑬ 10
⑭ 酸化還元滴定　⑮ c'　⑯ V'

● **p.80**

① 陽　② Mg^{2+}　③ 2　④ 電子　⑤ 陽
⑥ イオン化傾向　⑦ やすい　⑧ やすい　⑨ 強
⑩ にくい　⑪ にくい　⑫ にくい　⑬ にくい　⑭ 弱
⑮ やすい　⑯ やすい　⑰ 酸化　⑱ 還元　⑲ Zn^{2+}
⑳ イオン化列　㉑ Na　㉒ Al　㉓ Zn　㉔ Pb　㉕ Cu
㉖ Na^+　㉗ Al^{3+}　㉘ Zn^{2+}　㉙ Pb^{2+}　㉚ Cu^{2+}

● **p.81**

① 水酸化物　② 水素　③ $NaOH$　④ H_2　⑤ 水素
⑥ $Mg(OH)_2$　⑦ H_2　⑧ 水素　⑨ ZnO　⑩ H_2
⑪ Na_2O　⑫ 酸化物　⑬ MgO　⑭ Al_2O_3　⑮ 水素
⑯ 水素　⑰ Zn^{2+}　⑱ H_2　⑲ 水素　⑳ Ag
㉑ 熱濃硫酸　㉒ 王水

● **p.82**

① 鉛(Pb)　② 銅(Cu)　③ 青色が薄くなる
④ 銀(Ag)　⑤ 青くなる　⑥,⑦ Pb, Zn^{2+}(順不同)
⑧ Zn　⑨ Pb　⑩,⑪ Cu, Fe^{2+}(順不同)　⑫ Fe
⑬ Cu　⑭ Cu^{2+}　⑮ Ag　⑯ Cu^{2+}　⑰ Cu　⑱ Ag
⑲ Cu^{2+}　⑳ さび　㉑ めっき　㉒ 小さ　㉓ 大きい

● **p.83**

① 電気　② 大き　③ 放電　④ Zn　⑤ 負　⑥ Cu
⑦ 正　⑧ Zn　⑨ Zn^{2+}　⑩ Cu^{2+}　⑪ Cu　⑫ 酸化
⑬ Zn^{2+}　⑭ Cu　⑮ 還元　⑯ 活物質　⑰ 2　⑱ 2
⑲ 酸化　⑳ 還元

● **p.84**

① 鉛(または Pb)　② 酸化鉛(Ⅳ)(または PbO_2)
③ 充電　④ 二次　⑤ 一次　⑥ 燃料電池　⑦ 燃焼
⑧ 二　⑨ リチウム

● **p.85**

① 酸化還元　② 電気分解　③ 陰　④ 還元　⑤ 陽
⑥ 酸化　⑦ 電子(または e^-)　⑧ 還元　⑨ e^-
⑩ 電子(または e^-)　⑪ 酸化　⑫ e^-　⑬ 小さい
⑭ H_2　⑮ 大きい　⑯ H_2　⑰ O_2　⑱ O_2

● **p.86**

① 取りにくい　② e^-　③ H_2　④ OH^-　⑤ O_2
⑥ e^-　⑦ H_2　⑧ O_2　⑨ 水素(または H_2)
⑩ 酸素(または O_2)　⑪ H_2O(または水)
⑫ H_2(または水素)　⑬ H_2　⑭ OH^-
⑮ Cl_2(または塩素)　⑯ Cl^-　⑰ Cl_2
⑱ イオン交換膜法

● **p.87**

① Cu　② Cl_2　③ 電子　④ 電子　⑤ 2　⑥ 比例
⑦ 9.65×10^4　⑧ $\frac{1}{2}$　⑨ 1.0　⑩ 11.2　⑪ 1　⑫ 108
⑬ $\frac{1}{2}$　⑭ 31.8　⑮ $\frac{1}{2}$　⑯ 35.5　⑰ 11.2　⑱ $\frac{1}{4}$
⑲ 8.0　⑳ 5.6

● **p.88**

① 製錬　② Fe　③ CO_2　④ 銑鉄　⑤ 鋼

● **p.89**

① 電解精錬　② アルミナ　③ 溶融塩電解　④ 氷晶石
⑤ CO

基礎ドリル　p.90～91

1

酸化された物質	(1) C	(2) H_2S	(3) H_2S	(4) Mg
還元された物質	(1) CuO	(2) I_2	(3) SO_2	(4) O_2

解説　酸化と還元は必ず同時に起こり，一方の物質が酸化されれば，他方の物質は還元される。
(1) C は酸素 O を受け取ったので酸化され，CuO は酸素 O を失ったので還元された。
(2) H_2S は水素 H を失ったので酸化され，I_2 は水素 H を受け取ったので還元された。
(3) H_2S は水素 H を失ったので酸化され，SO_2 は酸素 O を失ったので還元された。
(4) Mg は酸素 O を受け取ったので酸化され，酸素 O_2 自身は，相手の物質が酸化されているので，還元されたといわざるを得ない。酸素 O，水素 H のやりとりだけで酸化還元を定義すると，このような無理が生じることがある。

2

(1) 0　(2) +4　(3) −2　(4) +4　(5) +3　(6) +2
(7) −3　(8) +6　(9) +6　(10) +7

解説 (1) 単体中の原子の酸化数は0。
(2) 化合物中の酸素Oの酸化数は−2，化合物中の原子の酸化数の合計は0であるから，Cの酸化数をxとすると，$x+(-2)\times 2=0$　　$x=+4$
(3) $(+1)\times 2+x=0$　　$x=-2$
(4) $x+(-2)\times 2=0$　　$x=+4$
(5) $(+1)\times 2+x\times 2+(-2)\times 4=0$　　$x=+3$
(6) 単原子イオンの酸化数はイオンの電荷に等しい。
(7) 多原子イオンの酸化数の合計は，イオンの電荷に等しいから，
$x+(+1)\times 4=+1$　　$x=-3$
(8) $x+(-2)\times 4=-2$　　$x=+6$
(9) $(+1)\times 2+x+(-2)\times 4=0$　　$x=+6$
(10) $x+(-2)\times 4=-1$　　$x=+7$

3

(1) Cu：+2 ⟶ 0，還元　C：0 ⟶ +4，酸化
(2) Cu：0 ⟶ +2，酸化　Cl：0 ⟶ −1，還元
(3) C：+2 ⟶ +4，酸化　O：0 ⟶ −2，還元
(4) N：0 ⟶ −3，還元　H：0 ⟶ +1，酸化
(5) S：+4 ⟶ +6，酸化　O：−1 ⟶ −2，還元

解説 酸化数の増加は酸化を，減少は還元を示す。
(1) 酸素のやりとりで酸化・還元を判断した**1**(1)の結論と一致する。
(2) 酸化数を用いると，酸素Oや水素Hのやりとりだけでなく，それ以外の物質と反応する場合にも，広く酸化・還元を考えることができる。
(3) 酸素・水素のやりとりだけで酸化還元を説明すると，**1**(4)のような困難が生じるが，酸化数で説明すると，相手を酸化する酸素O_2自身が還元されることが無理なく説明できる。
(5) 過酸化水素の酸素Oの酸化数は，−1という特殊な状態にある。水素は+1である。

4

酸化された物質　(1) Zn　(2) K　(3) Al　(4) Fe
(5) H_2S　(6) $FeCl_2$
還元された物質　(1) HCl　(2) H_2O　(3) Fe_2O_3
(4) H_2SO_4　(5) H_2O_2　(6) Cl_2

解説 物質中のある原子が酸化(または還元)されれば，その物質は酸化(または還元)されたと判断する。
(1) Znの酸化数は0 ⟶ +2と増加するから，Znは酸化された物質。HCl中のHの酸化数は，+1 ⟶ 0と減少するからHClは還元されたと判断する。
(2) K：0 ⟶ +1であるからKは酸化された。
H_2OのH：+1 ⟶ 0であるから，H_2Oは還元された。
(3) Al：0 ⟶ +3であるからAlは酸化された。
Fe_2O_3のFe：+3 ⟶ 0であるからFe_2O_3は還元された。
(4) Fe：0 ⟶ +2であるからFeは酸化された。
H_2SO_4のH：+1 ⟶ 0であるからH_2SO_4は還元された。
(5) H_2SのS：−2 ⟶ 0であるからH_2Sは酸化された。
H_2O_2のO：−1 ⟶ −2であるからH_2O_2は還元された。
(6) $FeCl_2$のFe：+2 ⟶ +3であるから$FeCl_2$は酸化された。
Cl_2のCl：0 ⟶ −1であるからCl_2は還元された。

5

(1) $H_2\underset{-2}{\underline{S}} \longrightarrow \underset{0}{\underline{S}} + 2H^+ + 2e^-$
(2) $\underset{0}{\underline{O_3}} + 2H^+ + 2e^- \longrightarrow O_2 + H_2\underset{-2}{\underline{O}}$
(3) $H_2\underset{-1}{\underline{O_2}} \longrightarrow 2H^+ + \underset{0}{\underline{O_2}} + 2e^-$
(4) $\underset{+4}{\underline{SO_2}} + 4H^+ + 4e^- \longrightarrow \underset{0}{\underline{S}} + 2H_2O$
(5) $\underset{+3}{\underline{(COOH)}}_2 \longrightarrow 2\underset{+4}{\underline{CO_2}} + 2H^+ + 2e^-$
(6) $\underset{+7}{\underline{MnO_4}}^- + 8H^+ + 5e^- \longrightarrow \underset{+2}{\underline{Mn^{2+}}} + 4H_2O$

解説 本文中の酸化剤・還元剤の表で，反応式をチェックし直すとよい。酸化剤または還元剤から反応して生じる物質を書くことができれば，酸化数の変化からやりとりする電子の数がわかり，反応式を完成することができる。
(1) 硫化水素H_2Sは還元剤
(2) オゾンO_3は酸化剤
(3) 過酸化水素H_2O_2のOの酸化数は−1である。ここでは，還元剤としてはたらくので，反応後の酸化数は0になる。
(4) 二酸化硫黄SO_2のSの酸化数は+4である。ここでは，酸化剤としてはたらくので，反応後の酸化数は0になる。
(5) シュウ酸$(COOH)_2$は還元剤。
(6) 過マンガン酸カリウム(酸性)は，強い酸化剤。

6

(1) $2Na + Cl_2 \longrightarrow 2Na^+ + 2Cl^-$
(2) $I_2 + H_2S \longrightarrow S + 2H^+ + 2I^-$
(3) $3Cu^{2+} + 2Al \longrightarrow 3Cu + 2Al^{3+}$
(4) $2MnO_4^- + 5SO_2 + 2H_2O$
$\longrightarrow 2Mn^{2+} + 5SO_4^{2-} + 4H^+$

解説 「酸化剤が受け取る e^- の数 = 還元剤が失う e^- の数」であるので，反応式は電子の数をそろえて，足し合わせる。

(1) ①式 × 2 + ②式 より，

$$2Na \longrightarrow 2Na^+ + 2e^-$$
$$Cl_2 + 2e^- \longrightarrow 2Cl^-$$
$$2Na + Cl_2 \longrightarrow 2Na^+ + 2Cl^- \ (2NaCl)$$

(2) ①式 + ②式 より，

$$I_2 + H_2S \longrightarrow S + 2H^+ + 2I^- \ (2HI)$$

(3) ①式 × 3 + ②式 × 2 より，

$$3Cu^{2+} + 6e^- \longrightarrow 3Cu$$
$$2Al \longrightarrow 2Al^{3+} + 6e^-$$
$$3Cu^{2+} + 2Al \longrightarrow 3Cu + 2Al^{3+}$$

(4) ①式 × 2 + ②式 × 5 より，

$$2MnO_4^- + 16H^+ + 10e^- \longrightarrow 2Mn^{2+} + 8H_2O$$
$$5SO_2 + 10H_2O \longrightarrow 5SO_4^{2-} + 20H^+ + 10e^-$$
$$2MnO_4^- + 5SO_2 + 2H_2O \longrightarrow 2Mn^{2+} + 5SO_4^{2-} + 4H^+$$

7

(1) $Fe + Cu^{2+} \longrightarrow Fe^{2+} + Cu$
(2) $Zn + Pb^{2+} \longrightarrow Zn^{2+} + Pb$
(3) $Cu + 2Ag^+ \longrightarrow Cu^{2+} + 2Ag$

解説 イオン化傾向の大きい金属を，イオン化傾向の小さい金属の陽イオンの水溶液に入れると，酸化還元反応で電子のやりとりが起こる。イオン化傾向の大きい金属は還元剤として電子を与え，イオン化傾向の小さい金属の陽イオンは酸化剤として電子を受け取る。イオン化列より，Zn > Fe > Pb > Cu > Ag の順なので，上記の反応が起こる。

8

(1) Fe　(2) Cu　(3) Na，Al　(4) Au

解説 イオン化傾向が非常に小さい金 Au は，単体として産出する。

イオン化傾向が比較的小さな銅 Cu は，硫化物，酸化物，炭酸塩として鉱石に含まれて産出し，黄銅鉱 ($CuFeS_2$) などがよく知られる。黄銅鉱は，問題文のように処理して銅を得る。

イオン化傾向が中程度の鉄 Fe は，赤鉄鉱，磁鉄鉱，黄鉄鉱などとして産出する。これらを酸化鉄に変え，溶鉱炉では，コークスで還元して鉄を得る。

イオン化傾向が大きなナトリウム Na，アルミニウム Al などは，それぞれ塩化物，酸化物として産出する。単体は強い還元力をもつのでこれに勝る還元剤を探すのは困難であり，塩化物，酸化物を融解して電気分解で還元し，単体を得る。

例題 類題 —— p.92～93

〔例題1〕

① 酸素　② 酸化　③ 水素　④ 還元　⑤ 電子　⑥ 酸化　⑦ 電子　⑧ 還元　⑨ 0　⑩ +1　⑪ 増加　⑫ 酸化　⑬ 0　⑭ −2　⑮ 減少　⑯ 還元

〔類題1〕

③

解説 酸化還元の判定には，酸化数の変化を調べればよい。①，②，④のいずれも，S の酸化数は，反応の前後で変化していないから，酸化でも還元でもない。⑤は酸化されている。

① S の酸化数は，反応の前後とも −2 で変化していない。

② S の酸化数は，反応の前後とも +6 で変化していない。

③ S の酸化数は，反応前が +6，反応後が +4 で，還元されている。

④ S の酸化数は，反応の前後とも +6 で変化していない。

⑤ S の酸化数は，反応前が +4，反応後が +6 で，酸化されている。

〔例題2〕

⑰ −1　⑱ −2　⑲ 2　⑳ 4　㉑ 2　㉒ +2　㉓ +3　㉔ 1　㉕ 2　㉖ 2　㉗ 2

〔類題2〕

イオン反応式：$MnO_4^- + 5Fe^{2+} + 8H^+ \longrightarrow Mn^{2+} + 5Fe^{3+} + 4H_2O$

化学反応式：$2KMnO_4 + 10FeSO_4 + 8H_2SO_4 \longrightarrow 2MnSO_4 + 5Fe_2(SO_4)_3 + K_2SO_4 + 8H_2O$

解説 イオン反応式を求めるためには，
「酸化剤が受け取る e^- の数 = 還元剤が失う e^- の数」であるので，①式 + ②式 × 5 により整理する。

次に，イオン反応式から化学反応式を得るため，両辺に K^+ 1 個と SO_4^{2-} 9 個を加える。すると，右辺の K_2SO_4 の係数は $\frac{1}{2}$ に，$Fe_2(SO_4)_3$ の係数は $\frac{5}{2}$ になる。

$$KMnO_4 + 5FeSO_4 + 4H_2SO_4 \longrightarrow MnSO_4 + \frac{5}{2}Fe_2(SO_4)_3 + \frac{1}{2}K_2SO_4 + 4H_2O$$

最後に，分数の係数をなくすように，両辺を 2 倍すると化学反応式が得られる。

〔例題3〕

① 失う　② 受け取る　③ 20　④ 1　⑤ x　⑥ 5　⑦ 10　⑧ 20　⑨ x　⑩ 5　⑪ 1　⑫ 10

〔類題3〕

0.025 mol/L

解説 「還元剤が失う e^- の数 ＝ 酸化剤が受け取る e^- の数」を利用して，

$$\underbrace{0.050\,\text{mol/L} \times \frac{20}{1000}\text{L} \times 2}_{\langle (\text{COOH})_2 \rangle} = \underbrace{x \times \frac{16}{1000}\text{L} \times 5}_{\langle \text{MnO}_4^- \rangle}$$

これを解いて，$x = 0.025\,\text{mol/L}$

定期テスト対策問題 p.94～95

1 (1) +5 (2) −3 (3) +2 正しいものは②

解説 N の酸化数が大きい順は (1) > (3) > (2)，すなわち $KNO_3 > NO > NH_4Cl$ であるので，②が正しい。

2 (1) 酸化，B (2) 還元，A (3) 無関係，C (4) 還元，A

解説 その物質に含まれる原子が酸化(還元)されていれば，その物質は酸化(還元)されたと判断する。酸化された物質は相手の物質を還元するから還元剤，還元された物質は相手の物質を酸化するから酸化剤である。

(1) K の酸化数は 0 ⟶ +1 と増加したので，K は酸化され，還元剤としてはたらいた。よって B。

(2) SO_2 の S の酸化数は +4 ⟶ 0 と減少したので，SO_2 は還元され，酸化剤としてはたらいた。よって A。

(3) H_2SO_4 の S の酸化数は +6 ⟶ +6 と変化していないので，H_2SO_4 は酸化も還元もされておらず無関係。よって C。

(4) HCl の H の酸化数は +1 ⟶ 0 と減少したので，HCl は還元され，酸化剤としてはたらいた。よって A。

3 (a) Cl_2 (b) Br_2 (c) Cl_2 正しいものは①

解説 (a) Cl の酸化数は 0 ⟶ −1 と減少していて，Cl_2 が Br^- を酸化している。(a)の反応が起こり，その逆の反応(Br^- が Cl_2 を酸化する反応)が起こらないことから，酸化力の強さは $Cl_2 > Br_2$ である。

(b) Br の酸化数は 0 ⟶ −1 と減少していて，Br_2 が I^- を酸化している。(a)と同様に，(b)の逆の反応が起こらないことから，酸化力の強さは $Br_2 > I_2$ である。

(c) Cl の酸化数は 0 ⟶ −1 と減少していて，Cl_2 が I^- を酸化している。(c)の逆の反応が起こらないことから，酸化力の強さは $Cl_2 > I_2$ である。

以上より，酸化力の強さは $Cl_2 > Br_2 > I_2$ の順であり，①が正しい。

4 ①

解説 ① $K_2Cr_2O_7$ と K_2CrO_4 の Cr の酸化数は，ともに+6 で変化していない。また，K，O，H の酸化数も反応の前後で変化していない。よって，①は酸化還元反応ではない。

② Mn の酸化数は +4(MnO_2) ⟶ +2($MnCl_2$) と減少していて Mn は還元され，Cl の酸化数は −1(HCl) ⟶ 0(Cl_2) と増加していて Cl は酸化されている。よって，②は酸化還元反応である。

③ N の酸化数は 0(N_2) ⟶ −3(NH_3) と減少していて N は還元され，H の酸化数は 0(H_2) ⟶ +1(NH_3) と増加していて H は酸化されている。よって，③は酸化還元反応である。

④反応式中の NO_2 の係数 3(3 分子)のうち，2 つは N の酸化数が +4(NO_2) ⟶ +5(HNO_3) と増加していて N は酸化され，1 つは N の酸化数が +4(NO_2) ⟶ +2(NO) と減少していて N は還元されている。よって，④は酸化還元反応である。

5
(1) $x \times \frac{10.0}{1000}$ mol (2) $0.100 \times \frac{20.0}{1000}$ mol

(3) $\left(0.100 \times \frac{20.0}{1000}\right) : \left(x \times \frac{10.0}{1000}\right) = 2 : 5$

(4) 0.500 mol/L

解説 (1), (2) 濃度 a〔mol/L〕の溶液 V〔L〕中に含まれる溶質の物質量 n〔mol〕は，n〔mol〕$= a$〔mol/L〕$\times V$〔L〕と表される。

(3) 反応式がわかっているから，

「**物質量の比 ＝ 反応式の係数の比**」

を用いて式を立てる。このとき，H_2O_2 と $KMnO_4$ の順序に注意する。

(4) 薄める前の過酸化水素水 10.0 mL すべてを滴定に使用したので，x が薄める前の過酸化水素水の濃度である。

6 (1) B (2) D (3) C (4) D > B > A > C

解説 (1) 金属 A，B の酸化物を仮に AO，BO とすると，起こった反応を次のように表すことができる。

AO + B ⟶ A + BO

したがって，金属の酸化されやすさは B > A であり，イオン化傾向の大きい金属は酸化されやすいから，イオン化傾向も B > A である。

(2) 一般に，電解質水溶液中に 2 種の金属を入れると，電池ができてイオン化傾向の大きな金属が負極になる。電流が B → D に流れるので D が負極である。したがって，イオン化傾向は D > B である。

(3) C は塩酸と反応しなかったので，水素よりもイオン化傾向が小さく (H_2) > C である。

(4) 以上から，イオン化傾向は

D ＞ B ＞ A ＞ (H_2) ＞ C の順になる。

7

(1) (ア) 陽　(イ) 小さ　(ウ) 陽極　(エ) 大き

(オ) アルミナ(または 酸化アルミニウム)

(2) Cu：$Cu^{2+} + 2e^- \longrightarrow Cu$

Al：$Al^{3+} + 3e^- \longrightarrow Al$

解説 **Cuの電解精錬**　硫酸銅(Ⅱ)水溶液中で，陽極のCuおよびCuよりもイオン化傾向の大きい不純物は，酸化されて電子を失い，イオンになって溶け出す。

$$M \longrightarrow M^{n+} + ne^-$$

なお，Cuよりイオン化傾向の小さいAu，Agなどは，陽極からはがれ落ちて陽極泥になる。

一方，陰極では，Cuよりイオン化傾向が大きい金属が析出しないように電圧を調節して，Cuの純度を向上させる。

Alの溶融塩電解　Alはイオン化傾向が大きいので，水溶液中ではAl^{3+}が電子を受け取らずに，水分子が電子を受け取る。

$$2H_2O + 2e^- \longrightarrow H_2 + 2OH^-$$

したがって，水のない状態で，純度の高いアルミナの溶融塩電解を行い，アルミニウムを得る。

チャレンジ問題 p.98～99

1 (1) ア ② イ ⑧ (2) ①

解説 (1) グラフより，25℃において KNO_3 は，水100gに対して38g溶けることが読み取れる。よって，飽和溶液の質量パーセント濃度は，

$$\frac{38\,\mathrm{g}}{100\,\mathrm{g}+38\,\mathrm{g}} \times 100 = 27.5\cdots \fallingdotseq 28(\%)$$

(2) グラフより，40℃の飽和溶液164gには KNO_3 が64g，水が100g含まれていることがわかる。この溶液を25℃まで冷やすと，64g − 38g = 26g の KNO_3 が析出する。よって，その物質量は，

$$\frac{26\,\mathrm{g}}{101\,\mathrm{g/mol}} = 0.257\cdots\mathrm{mol} \fallingdotseq 0.26\,\mathrm{mol}$$

2 (1) ④ (2) ③

解説 (1) 水溶液Aのモル濃度を x〔mol/L〕とする。選択肢の酸はすべて1価であり，中和点では「H^+ の物質量 = OH^- の物質量」が成りたつので，

$$1 \times x\,[\mathrm{mol/L}] \times \frac{15}{1000}\,\mathrm{L} = 1 \times 0.010\,\mathrm{mol/L} \times \frac{150}{1000}\,\mathrm{L}$$

$$x = 0.10\,\mathrm{mol/L}$$

よって，水溶液Aは①または④となる。ここで滴定曲線を読み取ると，中和点が塩基性側になっていることから，用いた酸は弱酸であることが判断できる。以上より，水溶液Aは④と決まる。

(2) 中和点が塩基性側になっているので，用いることができるのは塩基性側に変色域をもつフェノールフタレインである。メチルオレンジは酸性側に，ブロモチモールブルーは中性付近に変色域をもつ。

3 (1) ② (2) ④ (3) ④

解説 (1) 与えられた反応式より，金属板Aでは金属Aが A^{2+} に酸化されていることが読み取れる。電池においてこのような酸化反応が起こるのは，負極になる。

(2) 与えられた反応式より，「流れる e^- の物質量 = (反応したAの物質量) × 2」という関係が読み取れる。よって，

流れる e^- の物質量 = (反応したAの物質量) × 2

= 2.0mol × 2

= 4.0mol

(3) 与えられた反応式より，反応の進行に伴ってAはイオン A^{2+} となって，水溶液中に溶け出すことが読み取れる。また，B^{2+} は還元されBとなって析出することも読み取れる。以上より，金属板Aの質量は減少し，Bの硫酸塩水溶液の濃度も減少すると判断できる。

共通テスト対策問題

第１回　p.100～105

<table>
<tr><th>問題番号
(配点)</th><th>設問</th><th>解答番号</th><th>正解</th><th>配点</th></tr>
<tr><td rowspan="10">第１問
(30)</td><td>1</td><td>1</td><td>④</td><td>3</td></tr>
<tr><td>2</td><td>2</td><td>⑤</td><td>3</td></tr>
<tr><td rowspan="3">3</td><td>3</td><td>①</td><td>3</td></tr>
<tr><td>4</td><td>①</td><td>3</td></tr>
<tr><td>5</td><td>③</td><td>3</td></tr>
<tr><td>4</td><td>6</td><td>⑤</td><td>3</td></tr>
<tr><td>5</td><td>7</td><td>①</td><td>3</td></tr>
<tr><td>6</td><td>8</td><td>①</td><td>3</td></tr>
<tr><td>7</td><td>9</td><td>④</td><td>3</td></tr>
<tr><td>8</td><td>10</td><td>②</td><td>3</td></tr>
<tr><td rowspan="6">第２問
(20)</td><td>1</td><td>11</td><td>⑥</td><td>4</td></tr>
<tr><td>2</td><td>12</td><td>④</td><td>4</td></tr>
<tr><td>3</td><td>13</td><td>②</td><td>4</td></tr>
<tr><td rowspan="2">4</td><td>14</td><td>⑧</td><td rowspan="2">4*</td></tr>
<tr><td>15</td><td>②</td></tr>
<tr><td>5</td><td>16</td><td>①</td><td>4</td></tr>
</table>

＊は，両方正解の場合のみ点を与える。

第１問

問１	1 ④	問２	2 ⑤		
問３	3 ①		4 ①		5 ③
問４	6 ⑤	問５	7 ①		
問６	8 ①	問７	9 ④		
問８	10 ②				

解説

問１　構成成分を表すときは「元素」，物質そのものを表すときは「単体」となる。

① ダイヤモンドや黒鉛は，炭素という「元素」の同素体である。

② 骨にはカルシウムが構成成分として含まれる。

③ 塩化水素 HCl には，構成成分として水素 H と塩素 Cl が含まれる。

④ 水 H_2O の電気分解によって得られる水素 H_2 と酸素 O_2 は物質そのものである。

⑤ 地殻には酸化物が多く含まれる。このため，酸素は地殻の構成成分となっている。

問２　CH_4 に含まれる電子の総数は 10 である。それぞれの物質に含まれる電子の数は，⑤ のみ 16 であり，他はすべて 10 となる。

問３　原子の電子配置から，①～⑤ はそれぞれ

①O，②F，③Ne，④Na，⑤Mg

である。

a 同素体をもつ元素は S，C，O，P である。

b ①～⑤ の原子がイオンになるとき，すべて ③ の Ne と同じ電子配置になる。(Ne は閉殻で安定なので，そもそもイオンにならない。) ここで，それぞれの原子の陽子の数を比べると，陽子の数は ① < ② < ④ < ⑤ となる。陽子の数が多いほど強く電子を引き付けるので，イオン半径は小さくなる。よって，イオン半径が最も大きいのは陽子の数が少ない ① となる。

c イオン化エネルギーが最も大きいのは，電子配置が閉殻構造をとっている貴ガスである。

問４　ア　正しい。金属結晶は自由電子が存在するため，電気伝導性や熱伝導性が大きく，展性や延性を示す。

イ　誤り。分子結晶には昇華しやすいものが多いが，電気は通さない。

ウ　正しい。ダイヤモンドや水晶のような共有結合の結晶は融点が非常に高く，硬い。

エ　誤り。イオン結晶は固体だと電気を通さないが，液体や水に溶けた状態だと電気を通す。

問５　反応式の係数の比より，

(CH_4 の物質量) × 3 ＝ (H_2 の物質量) となることが

わかる。求める CH_4(＝16)の質量を x〔kg〕とすると，
(CH_4 の物質量)×3＝(H_2 の物質量)

$$\frac{x \times 10^3\,\text{g}}{16\,\text{g/mol}} \times 3 = \frac{1.0 \times 10^3\,\text{g}}{2.0\,\text{g/mol}}$$

$x = 2.66\cdots\text{kg} \fallingdotseq 2.7\,\text{kg}$

問6 中和点では「酸から生じる H^+ の物質量＝塩基から生じる OH^- の物質量」が成りたつので，中和に必要な NaOH 水溶液の体積を x〔L〕とすると，

$$2 \times 0.050\,\text{mol/L} \times \frac{10}{1000}\,\text{L} = 1 \times 0.10\,\text{mol/L} \times x\,[\text{L}]$$

$x = 0.010\,\text{L} = 10\,\text{mL}$

つまり，中和点は 10mL 付近であると考えられる。また，強酸と強塩基の中和なので，中和点は中性付近になる。さらに，滴定前の H_2SO_4 水溶液は，$[H^+] = 0.050\,\text{mol/L} \times 2 = 0.10\,\text{mol/L}$ と考えられるので，pH＝1.0 となる。以上より，正しい滴定曲線は ① となる。

問7 水に溶かすと塩化ナトリウム NaCl は中性，炭酸水素ナトリウム $NaHCO_3$ は弱酸と強塩基からなる塩なので塩基性，塩化アンモニウム NH_4Cl は強酸と弱塩基からなる塩なので酸性を示す。

問8 求める過マンガン酸カリウム水溶液のモル濃度を x〔mol/L〕とする。「酸化剤が受け取る e^- の物質量＝還元剤が失う e^- の物質量」であるから，

$$x\,[\text{mol/L}] \times \frac{15}{1000}\,\text{L} \times 5 = 0.30\,\text{mol/L} \times \frac{20}{1000}\,\text{L} \times 2$$

$x = 0.16\,\text{mol/L}$

第2問

問1	11	⑥	問2	12	④		
問3	13	②	問4	14	⑧	15	②
問5	16	①					

解説

問1 ア　正しい。枝付きフラスコに液体をたくさん入れると，沸騰したときに液体が枝に入ってしまう恐れがある。

イ　正しい。蒸発した気体の温度を正確にはかるため，温度計の下部はフラスコの枝の付け根の高さに合わせる。

ウ　誤り。冷却管を水で満たすため，水は冷却管の下部である B から流す。

エ　誤り。フラスコを密栓すると，圧力の逃げ場がなくなり，危険である。

問2 グラフの C 点付近から温度が一定になっている区間がある。温度が上がらないのは状態変化に熱エネルギーが使われているからであり，この区間において沸点の低いエタノールが蒸発していることが読み取れる。D 点付近で温度が上がり始めたところでは，エタノールはほぼすべてが蒸発していると考えられるので，D 点および E 点ではフラスコ内からエタノールはほぼ除かれていると考えられる。

問3 砂を含む水溶液を砂と水溶液に分離する操作は，ろ過である。

問4 体積パーセント濃度 14％のワイン 750mL に含まれるエタノールの体積は，

$$750\,\text{mL} \times \frac{14}{100} = 105\,\text{mL}$$

$1\,\text{mL} = 1\,\text{cm}^3$ であるから，その質量は，

$105\,\text{mL} \times 0.78\,\text{g/mL} = 81.9\,\text{g}$

問5 求める消毒液の体積を x〔mL〕とする。問4より，体積パーセント濃度 14％のワイン 750mL に含まれるエタノールは 105mL であり，このエタノールを用いることから体積パーセント濃度 70％の消毒液にも同量のエタノールが含まれる。よって，

$$x\,[\text{mL}] \times \frac{70}{100} = 105\,\text{mL} \qquad x = 150\,\text{mL}$$

(第2回の解答・解説は次のページ)

第２回　p.106～111

問題番号(配点)	設問	解答番号	正解	配点
第１問(30)	1	1	①	3
	2	2	②	3
	3	3	②	3
	4	4	④	3
	5	5	④	3
	6	6	③	3
		7	⑤	3
	7	8	③	3
	8	9	③	3
	9	10	③	3
第２問(20)	1	11	⑥	4
	2	12	⑤	4
	3	13	③	4
	4	14	⑧	4*
		15	①	
	5	16	③	4

＊は，両方正解の場合のみ点を与える。

第１問

問１	1	①	問２	2	②		
問３	3	②	問４	4	④		
問５	5	④	問６	6	③	7	⑤
問７	8	③	問８	9	③		
問９	10	③					

解説

問１　ア　塩酸は塩化水素 HCl と水 H_2O の混合物である。

イ　空気は窒素 N_2 や酸素 O_2，二酸化炭素 CO_2 の混合物である。

ウ　オゾン O_3 は単体である。

エ　フラーレン C_{60} は単体である。

オ　酸化銅（Ⅱ）CuO は化合物である。

問２　①　正しい。同位体では中性子の数が異なるために質量数が異なるが，原子番号は同じである。

②　誤り。同位体では中性子の数が異なり，陽子の数(＝原子番号)は同じである。

③　正しい。同位体どうしの化学的性質はほぼ同じになる。

④　正しい。放射性同位体が放射性崩壊してもとの量の半分になるのに要する時間を半減期という。

⑤　正しい。^{14}C は年代測定に利用されている。

問３　図１　原子番号が 2(He)，10(Ne)の貴ガス元素で極大値，それより原子番号が１つ大きい元素(1 族元素)で極小値となっている。このことから，縦軸の表すものはイオン化エネルギーであると判断することができる。

図２　原子番号が 2(He)，10(Ne)の貴ガス元素で縦軸の値が 0 になっており，それより原子番号の１つ小さい元素(ハロゲン元素)で縦軸の値が最大となっている。このことから，縦軸の表すものは価電子の数であると判断することができる。

問４　水 100g を用いて調整した 80℃の飽和溶液

100g ＋ 170g ＝ 270g を 20℃にすると，

170g − 30g ＝ 140g の KNO_3 が析出する。よって，飽和溶液 150g の場合に析出する KNO_3 の質量は，

$$150\,\mathrm{g} \times \frac{140\,\mathrm{g}}{270\,\mathrm{g}} = 77.7\cdots\mathrm{g} \fallingdotseq 78\,\mathrm{g}$$

問５　NH_3 は三角錐形の分子であり，N のほうが H よりも電気陰性度が大きく，電子を強く引きつけるため，分子全体として極性を帯びる。

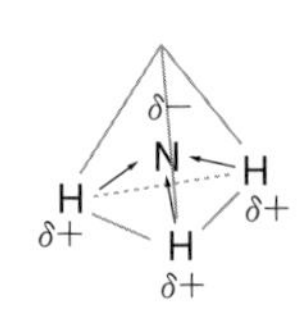

問６　a　求める NaOH 水溶液の濃度を x[mol/L]とする。中和点では「酸から生じる H^+ の物質量 ＝ 塩基

から生じるOH^-の物質量」が成りたつので，

$$2 \times 0.100\,\mathrm{mol/L} \times \frac{10.0}{1000}\mathrm{L} = 1 \times x[\mathrm{mol/L}] \times \frac{20.0}{1000}\mathrm{L}$$

$$x = 0.100\,\mathrm{mol/L}$$

b　フェノールフタレインはpH8.0～9.8に変色域をもち，pH＝8.0以下では無色，pH＝9.8以上では赤色になる。酸性のシュウ酸水溶液を水酸化ナトリウム水溶液で滴定しているので，その色の変化は無色から赤色になる。

問7　① H_2OはHClからH^+を受け取っており，塩基のはたらきをしている。

② H_2O中のHの酸化数が反応の前後で＋1 ⟶ 0と減少している。このため，H_2Oは自身は還元され，相手を酸化する酸化剤のはたらきをしている。

③ H_2O中のOの酸化数が反応の前後で－2 ⟶ 0と増加している。このため，H_2Oは自身は酸化され，相手を還元する還元剤のはたらきをしている。

④ H_2OはNH_3にH^+を与えており，酸のはたらきをしている。

問8　与えられた過酸化水素水と二クロム酸カリウムの反応式を，e^-の数が等しくなるように組み合わせると次の式が得られる。

$$Cr_2O_7^{2-} + 3H_2O_2 + 8H^+ \longrightarrow 2Cr^{3+} + 3O_2 + 7H_2O$$

よって，O_2の物質量＝($Cr_2O_7^{2-}$の物質量)×3となる。求める酸素の標準状態における体積をx[L]とすると，

O_2の物質量＝($Cr_2O_7^{2-}$の物質量)×3

$$\frac{x[\mathrm{L}]}{22.4\,\mathrm{L/mol}} = 0.10\,\mathrm{mol/L} \times \frac{10}{1000}\mathrm{L} \times 3$$

$$x = 0.0672\,\mathrm{L} = 67.2\,\mathrm{mL}$$

問9　① 正しい。電池の正極では還元反応が，負極では酸化反応が起こる。

② 正しい。電流は電池の正極から負極に流れる。一方，電子は電池の負極から正極に流れる。

③ 誤り。充電によってくり返し使うことのできる電池を二次電池という。

④ 正しい。燃料電池は水素と酸素の反応を利用しており，水が排出される。

⑤ 正しい。スマートフォンやノートパソコンには起電力の大きいリチウムイオン電池が用いられている。

第2問

問1	11	⑥	問2	12	⑤		
問3	13	③	問4	14	⑧	15	①
問5	16	③					

解説

問1　反応式の左辺と右辺における原子の数は必ず等しくなる。左辺にAlが2つあるので，右辺のAlも2つになる。よって，$AlCl_3$の係数が2と決まる。このことから，右辺のClの数が6つになるので，HClの係数が6と決まる。最後に左辺にHが6つあることから，右辺のH_2の係数が3と決まる。

問2　単体のAlの酸化数は0，$AlCl_3$中のAlの酸化数は＋3となっている。($AlCl_3$中のClの酸化数は－1である。)

問3　① 正しい。自由電子によってできる原子どうしの結合が金属結合である。

② 正しい。金属結晶中を自由電子が移動するため，金属は熱や電気をよく通す。

③ 誤り。一般に金属は陽性が強い。このため，価電子が原子から離れやすくなる。

④ 正しい。金属に他の元素の単体を混ぜたものを合金といい，もとの金属にはないさまざまな特性をもつようになる。

⑤ 正しい。金属は自由電子が存在するため，展性や延性を示す。

問4　図1から，希塩酸を60mL用いたときにアルミニウムがちょうどすべて反応し，水素が0.045mol発生していることが読み取れる。さらに反応式から，(Alの物質量)：(H_2の物質量)＝2：3 とわかるので，求めるAl(＝27)の質量をx[g]とすると，

$$(\text{Alの物質量}) \times \frac{3}{2} = H_2\text{の物質量}$$

$$\frac{x\,[\mathrm{g}]}{27\,\mathrm{g/mol}} \times \frac{3}{2} = 0.045\,\mathrm{mol} \qquad x = 8.1 \times 10^{-1}\,\mathrm{g}$$

問5　希塩酸60mLを用いたときにアルミニウムがすべて反応し，水素が0.045mol発生している。さらに反応式から6molのHClが反応したときに3molのH_2が発生することがわかるので，HClの物質量＝(H_2の物質量)×2 という関係が成りたつ。求める希塩酸のモル濃度をy[mol/L]とすると，

HClの物質量＝(H_2の物質量)×2

$$y[\mathrm{mol/L}] \times \frac{60}{1000}\mathrm{L} = 0.045\,\mathrm{mol} \times 2$$

$$y = 1.5\,\mathrm{mol/L}$$

資料 1. おもな化合物

	化合物	化学式
水素化合物	アンモニア	NH_3
	水	H_2O
	過酸化水素	H_2O_2
	硫化水素	H_2S
	フッ化水素	HF
	塩化水素	HCl
	臭化水素	HBr
	ヨウ化水素	HI
酸化物	酸化ナトリウム	Na_2O
	酸化マグネシウム	MgO
	酸化カルシウム (生石灰)	CaO
	酸化アルミニウム	Al_2O_3
	酸化マンガン(Ⅳ) (二酸化マンガン)	MnO_2
	酸化鉄(Ⅱ)	FeO
	酸化鉄(Ⅲ)	Fe_2O_3
	酸化銅(Ⅰ)	Cu_2O
	酸化銅(Ⅱ)	CuO
	酸化銀	Ag_2O
	酸化亜鉛	ZnO
	酸化鉛(Ⅳ)	PbO_2
	一酸化炭素	CO
	二酸化炭素	CO_2
	一酸化窒素	NO
	二酸化窒素	NO_2
	二酸化ケイ素	SiO_2
	十酸化四リン	P_4O_{10}
	二酸化硫黄	SO_2
	三酸化硫黄	SO_3
水酸化物	水酸化ナトリウム	NaOH
	水酸化カリウム	KOH
	水酸化マグネシウム	$Mg(OH)_2$
	水酸化カルシウム (消石灰)	$Ca(OH)_2$
	水酸化バリウム	$Ba(OH)_2$
	水酸化アルミニウム	$Al(OH)_3$
	水酸化鉄(Ⅱ)※	$Fe(OH)_2$
	水酸化銅(Ⅱ)	$Cu(OH)_2$
	水酸化亜鉛	$Zn(OH)_2$
酸素原子をもつ酸	炭酸	H_2CO_3*
	硝酸	HNO_3
	リン酸	H_3PO_4
	亜硫酸	H_2SO_3*
	硫酸	H_2SO_4
	次亜塩素酸	HClO*
	塩素酸	$HClO_3$*
	酢酸	CH_3COOH
塩(えん)	塩化ナトリウム	NaCl
	炭酸ナトリウム	Na_2CO_3
	炭酸水素ナトリウム	$NaHCO_3$
	亜硫酸ナトリウム	Na_2SO_3
	硫酸ナトリウム	Na_2SO_4
	硫酸水素ナトリウム	$NaHSO_4$
	硝酸ナトリウム	$NaNO_3$
	次亜塩素酸ナトリウム	NaClO
	塩化カリウム	KCl
	臭化カリウム	KBr
	ヨウ化カリウム	KI
	硝酸カリウム	KNO_3
	硫酸カリウム	K_2SO_4
	炭酸カリウム	K_2CO_3
	塩素酸カリウム	$KClO_3$
	塩化マグネシウム	$MgCl_2$
	塩化カルシウム	$CaCl_2$
	炭酸カルシウム	$CaCO_3$
	硫酸カルシウム	$CaSO_4$
	塩化バリウム	$BaCl_2$
	塩化アルミニウム	$AlCl_3$
	硫酸アルミニウム	$Al_2(SO_4)_3$
	硫化鉄(Ⅱ)	FeS
	塩化鉄(Ⅲ)	$FeCl_3$
	硫酸鉄(Ⅱ)	$FeSO_4$
	硫化銅(Ⅱ)	CuS
	塩化銅(Ⅱ)	$CuCl_2$
	硫酸銅(Ⅱ)	$CuSO_4$
	硝酸銅(Ⅱ)	$Cu(NO_3)_2$
	塩化銀	AgCl
	臭化銀	AgBr
	ヨウ化銀	AgI
	硝酸銀	$AgNO_3$
	硫酸亜鉛	$ZnSO_4$
	硫酸鉛(Ⅱ)	$PbSO_4$
	塩化マンガン(Ⅱ)	$MnCl_2$
	塩化アンモニウム	NH_4Cl
	硝酸アンモニウム	NH_4NO_3
	硫酸アンモニウム	$(NH_4)_2SO_4$
有機化合物	メタン	CH_4
	エタン	C_2H_6
	プロパン	C_3H_8
	ブタン	C_4H_{10}
	エチレン	C_2H_4
	アセチレン	C_2H_2
	ベンゼン	C_6H_6
	ナフタレン	$C_{10}H_8$
	テトラクロロメタン	CCl_4
	メタノール	CH_3OH
	エタノール	C_2H_5OH
	プロパノール	C_3H_7OH
	酢酸	CH_3COOH
	グルコース(ブドウ糖)	$C_6H_{12}O_6$
	スクロース(ショ糖)	$C_{12}H_{22}O_{11}$

資料 2. おもなイオン

電荷	単原子イオン	
+1	水素イオン	H^+
	リチウムイオン	Li^+
	ナトリウムイオン	Na^+
	カリウムイオン	K^+
	銀イオン	Ag^+
+2	マグネシウムイオン	Mg^{2+}
	カルシウムイオン	Ca^{2+}
	マンガン(Ⅱ)イオン	Mn^{2+}
	鉄(Ⅱ)イオン	Fe^{2+}
	銅(Ⅱ)イオン	Cu^{2+}
	亜鉛イオン	Zn^{2+}
	バリウムイオン	Ba^{2+}
	鉛(Ⅱ)イオン	Pb^{2+}
	ニッケル(Ⅱ)イオン	Ni^{2+}
+3	アルミニウムイオン	Al^{3+}
	鉄(Ⅲ)イオン	Fe^{3+}
	クロム(Ⅲ)イオン	Cr^{3+}
−1	フッ化物イオン	F^-
	塩化物イオン	Cl^-
	臭化物イオン	Br^-
	ヨウ化物イオン	I^-
−2	酸化物イオン	O^{2-}
	硫化物イオン	S^{2-}

電荷	多原子イオン	
+1	アンモニウムイオン	NH_4^+
	オキソニウムイオン	H_3O^+
	ジアンミン銀(Ⅰ)イオン	$[Ag(NH_3)_2]^+$
+2	テトラアンミン銅(Ⅱ)イオン	$[Cu(NH_3)_4]^{2+}$
−1	水酸化物イオン	OH^-
	硝酸イオン	NO_3^-
	硫酸水素イオン	HSO_4^-
	炭酸水素イオン	HCO_3^-
	塩素酸イオン	ClO_3^-
	次亜塩素酸イオン	ClO^-
	酢酸イオン	CH_3COO^-
	過マンガン酸イオン	MnO_4^-
−2	硫酸イオン	SO_4^{2-}
	亜硫酸イオン	SO_3^{2-}
	炭酸イオン	CO_3^{2-}
	クロム酸イオン	CrO_4^{2-}
	二クロム酸イオン	$Cr_2O_7^{2-}$
−3	ヘキサシアニド鉄(Ⅲ)酸イオン	$[Fe(CN)_6]^{3-}$
	リン酸イオン	PO_4^{3-}
−4	ヘキサシアニド鉄(Ⅱ)酸イオン	$[Fe(CN)_6]^{4-}$

*印は純粋にそのままの形では取り出せないもの。

※水酸化鉄(Ⅱ)と異なり，水酸化鉄(Ⅲ)は数種の鉄化合物の混合物である。

【新課程】

ゼミノート化学基礎

教科書の整理から共通テストまで

解答編　　　13334A

● 編集協力者　　新井　利典

編　者　数研出版編集部

発行者　星野　泰也

発行所　**数研出版株式会社**

〒101-0052　東京都千代田区神田小川町 2 丁目 3 番地 3
〔振替〕00140-4-118431

〒604-0861　京都市中京区烏丸通竹屋町上る大倉町 205 番地
〔電話〕代表　(075)231-0161

ホームページ　https://www.chart.co.jp

印　刷　岩岡印刷株式会社

13334 A